Kohlhammer

Andreas H. Karsten

# Leitfaden für das Kommunale Krisenmanagement

## Hilfestellungen und Handlungsanweisungen

2., überarbeitete Auflage

Verlag W. Kohlhammer

Für Britta, Flora und Romy!

Dieses Werk einschließlich aller seiner Teile ist urheberrechtlich geschützt. Jede Verwendung außerhalb der engen Grenzen des Urheberrechts ist ohne Zustimmung des Verlags unzulässig und strafbar. Das gilt insbesondere für Vervielfältigungen, Übersetzungen, Mikroverfilmungen und für die Einspeicherung und Verarbeitung in elektronischen Systemen.
Die Wiedergabe von Warenbezeichnungen, Handelsnamen und sonstigen Kennzeichen in diesem Buch berechtigt nicht zu der Annahme, dass diese von jedermann frei benutzt werden dürfen. Vielmehr kann es sich auch dann um eingetragene Warenzeichen oder sonstige geschützte Kennzeichen handeln, wenn sie nicht eigens als solche gekennzeichnet sind.

Die Abbildungen stammen – soweit nicht anders angegeben – vom Autor.
Umschlagbild: Adobe Stock, 96296088, Gina Sanders

2., überarbeitete Auflage 2025
Alle Rechte vorbehalten
© W. Kohlhammer GmbH, Stuttgart
Gesamtherstellung: W. Kohlhammer GmbH, Heßbrühlstr. 69, 70565 Stuttgart
produktsicherheit@kohlhammer.de

Print:
ISBN 978-3-17-045186-5

E-Book-Formate:
pdf:     ISBN 978-3-17-045188-9
epub:   ISBN 978-3-17-045189-6

Für den Inhalt abgedruckter oder verlinkter Websites ist ausschließlich der jeweilige Betreiber verantwortlich. Die W. Kohlhammer GmbH hat keinen Einfluss auf die verknüpften Seiten und übernimmt hierfür keinerlei Haftung.

# Vorwort

Krisen sind lokal, egal wie groß sie sind. Den Betroffenen zu helfen, fällt gesetzlich in die Zuständigkeit der Kommunen, ob in Zeiten des Friedens nach den Katastrophenschutzgesetzen der Länder oder im Verteidigungsfall entsprechend den Regelungen des Bundes. Aber darüber hinaus erwarten die Betroffenen, dass sich ihr Bürgermeister, ihr Oberbürgermeister, ihr Landrat die Ärmel hochkrempelt und sich an die Spitze der Gefahrenabwehrorganisationen – staatlichen wie privaten – stellt und die Krisensituation meistert. Diesen Personen, die an einer wichtigen Schnittstelle zwischen Politik und Verwaltung agieren, denen eine – wenn nicht sogar die – entscheidende Rolle bei der Bewältigung von Krisen zufällt, soll dieses Buch eine Hilfe sein. Sie stehen mit einem Bein in der Politik und mit dem anderen im operativen Geschäft. Sie überbrücken operatives und strategisches Krisenmanagement und nehmen eine schwierige Position bei der Krisenbewältigung ein. An ihrer Seite stehen vor allem die administrativ-organisatorischen Stäbe mit den entsprechenden Experten. Auch ihnen soll dieses Buch ein Ratgeber zur Vorbereitung auf Krisen sein.

Gewidmet ist dieses Buch insbesondere drei herausragenden Lehrern, die mich wesentlich in meinem beruflichen Leben geprägt haben:
- Wolf-Dieter Prendke,
- Stefan Berglund und
- Eric Rasmussen.

Hamburg, Juli 2025

 In diesem Buch wird zum Zweck der besseren Lesbarkeit das generische Maskulinum verwendet. Auf eine Mehrfachbezeichnung wird in der Regel aus demselben Grund verzichtet. Alle Bezeichnungen sind geschlechtsneutral zu verstehen und sollen alle Geschlechter gleichermaßen einbeziehen.

# Inhaltsverzeichnis

**Vorwort** . . . . . . . . . . . . . . . . . . . . . . . . . . . . . . . . . . . . . . . . . . . . . . . . . . . . . . . . **5**

**1 Vorbemerkungen** . . . . . . . . . . . . . . . . . . . . . . . . . . . . . . . . . . . . . . . . . . . . . . **11**
    1.1      Über das Buch . . . . . . . . . . . . . . . . . . . . . . . . . . . . . . . . . . . . . . . . . 11
    1.2      Krisenarten . . . . . . . . . . . . . . . . . . . . . . . . . . . . . . . . . . . . . . . . . . . 13

**2 Strategische Aufgaben der politisch verantwortlichen Führungskraft** . . . . . . . . . . . . . . . . . . . . . . . . . . . . . . . . . . . . . . . . . . . . . . **18**
    2.1      Wirksamkeit von Führung in der Krise . . . . . . . . . . . . . . . . . . . . . . 19
    2.2      Führen Sie in der Krise – Die Aufgabe der politisch verantwortlichen Führungskraft! . . . . . . . . . . . . . . . . . . . . . . . . . . . . . . . . . . . . . . . . . 24
    2.3      Der Oberbürgermeister/der Landrat als Leuchtturm in der Krise . 32
    2.4      Krisenstrategie: Grundlage des Delegierens für den Oberbürgermeister/den Landrat . . . . . . . . . . . . . . . . . . . . . . . . . . . . . . . . . . . . 36

**3 Koordinieren und Kultivieren statt Führen und Leiten – das MUSS in der heutigen Zeit** . . . . . . . . . . . . . . . . . . . . . . . . . . . . . . . . . . . . . . . . . . . . **38**
    3.1      Mythos Führung . . . . . . . . . . . . . . . . . . . . . . . . . . . . . . . . . . . . . . . 38
    3.2      Natürliches Wachsen der Krisenabwehrorganisation – aus dem Chaos in die geregelte Gefahrenabwehr . . . . . . . . . . . . . . . . . . . . 40
    3.3      Zentralisiertes oder dezentralisiertes Krisenmanagement . . . . . . 43
    3.4      Führen mit Auftrag – das A und O eines erfolgreichen Krisenmanagements . . . . . . . . . . . . . . . . . . . . . . . . . . . . . . . . . . . . . . . . . 45
    3.5      Vertrauen versus Kontrolle . . . . . . . . . . . . . . . . . . . . . . . . . . . . . . . 48
    3.6      Netzwerk statt Hierarchie – Führungssystem für hochdynamische und/oder komplexe Lagen . . . . . . . . . . . . . . . . . . . . . . . . . . . . . . . 53

**4 Krisenkoordination durch die politisch verantwortliche Führungskraft**   **56**
    4.1      Zur Zusammenarbeit mit Externen verdammt . . . . . . . . . . . . . . . 56
    4.2      Grundlagen der Koordination unterschiedlicher Akteure . . . . . . . 59
    4.3      Unterschiede zwischen den zu koordinierenden Entitäten . . . . . . 64
    4.4      Koordination von Akteuren im eigenen Zuständigkeitsbereich . . 67
    4.5      Koordination von Akteuren aus anderen Zuständigkeitsbereichen 76

# Inhaltsverzeichnis

**5 Aus dem Chaos in das geordnete Krisenmanagement** ............... **77**
- 5.1 Chaossituation ................................................. 77
- 5.2 Komplexe Situation ........................................... 79
- 5.3 Komplizierte Situation ....................................... 80
- 5.4 Einfache Situation ............................................ 81

**6 Informations- und Wissensmanagement – Kernkompetenz der KGS, Notwendigkeit für den Einsatzleiter** ............................ **82**
- 6.1 Aus Daten Wissen generieren .................................. 82
- 6.2 Reduzierung der Informationsflut .............................. 87
- 6.2.1 Lagemeldung und Unterrichtungen ............................ 88
- 6.2.2 Komplexitätsreduzierung ..................................... 96
- 6.2.3 Lagebesprechungen ........................................... 97
- 6.3 Frühzeitiges Erkennen und Verstehen einer Krise .............. 102

**7 Krisen- und Einsatzplanung – Kernkompetenz des SMS/EMS bzw. des S3** .................................................................... **113**
- 7.1 Grundlagen der Planung ....................................... 114
- 7.2 Kreative Planung .............................................. 123
- 7.3 Agile Planung ................................................. 124
- 7.4 Nutzen der Szenario-Technik zur Planung ...................... 129

**8 Entscheidungsfindung – Kernkompetenz einer jeden Führungskraft** ........................................................ **132**
- 8.1 Fundamentale Prinzipien der Entscheidungsfindung ............ 133
- 8.2 Rationale Entscheidungsfindung ............................... 136
- 8.3 Intuitive Entscheidungsfindung ............................... 141
- 8.4 Entscheiden ohne zu Planen – Improvisieren ................... 145

**9 Stabslehre** ........................................................ **147**
- 9.1 Ihr Führungsunterstützungsgremium – der Stab ................ 147
- 9.2 Homogene versus heterogene Stäbe ............................. 149
- 9.3 Gesamtverantwortlicher versus Leiter des Stabes .............. 150
- 9.4 Leiten eines Krisenstabes ..................................... 151
- 9.5 Gruppendynamische Prozesse in Stäben ......................... 156
- 9.6 Entscheidungen im Stab ........................................ 159

# Inhaltsverzeichnis

**10 Krisenkommunikation** .................................................. **168**
    10.1     Deutungshoheit gewinnen und behalten ................... 168
    10.2     Interne Krisenkommunikation ............................... 171
    10.3     Externe Krisenkommunikation .............................. 172

**11 Nach der akuten Krise** .................................................. **177**
    11.1     Die Zeit unmittelbar nach der akuten Krise bewältigen ........ 177
    11.2     Aus Krisen lernen und Veränderungen umsetzen ............. 180

**12 Die Führungskraft als Person** ......................................... **183**
    12.1     Die Führungskraft – auch nur ein Mensch .................... 183
    12.2     Vorbereitung auf die Krise ................................... 187

**13 Der Krisenmanager** .................................................... **189**

**Fazit** .................................................................... **195**

**Literaturverzeichnis** ..................................................... **196**

# 1 Vorbemerkungen

## 1.1 Über das Buch

Das Buch richtet sich an Sie als politisch verantwortliche Führungskräfte, als Mitarbeiter der kommunalen Verwaltungsspitzen, als Mitglieder von administrativ-organisatorischen Stäben, also:

- an die Hauptverwaltungsbeamten – die Landräte, die Oberbürgermeister,
- an deren Vertreter, die Dezernenten und Fachbereichsleiter
- sowie an die Amtsleiter und Führungskräfte der Verwaltungen.

Je nach Position müssen Sie mehr oder weniger als Mitarbeiter der Verwaltung oder auch als gewählter Vertreter der Bürger agieren. Dies gilt besonders im gesamten Bereich des Risiko- und Krisenmanagements (▶ Bild 1). So müssen Sie vor einer Krise Ihre Verwaltung darauf vorbereiten, dass diese auch in einer Krise handlungsfähig bleibt, d. h. Sie müssen ein Business Continuity Management für Ihre Verwaltung und besonders für die Gefahrenabwehrorganisationen implementieren. Gleichzeitig müssen Sie die Zivilgesellschaft davon überzeugen, resilienter zu werden.

Dazu stehen rechtliche Mittel besonders im Bereich des Risikomanagements (z. B. das Baurecht, IT-Sicherheitsgesetz) zur Verfügung. Im Bereich der Vorbereitung, beispielsweise bei der persönlichen Vorratshaltung von überlebenswichtigen Ressourcen (Lebensmittel, Trinkwasser, Kerzen usw.), bedarf es dagegen eher Überzeugungskraft.

Heutige und zukünftige Krisen werden Sie als verantwortliche Führungskraft nur meistern, wenn Sie eine ganzheitliche, allumfassende Herangehensweise anwenden. Vor einer Krise müssen Sie die Risiken erkennen und deren Eintrittswahrscheinlichkeit und Auswirkungen, falls die Gefahr wirksam wird, minimieren. Dies erfolgt im Risikomanagement. Um nach einer Krise auf die nächste besser vorbereitet zu sein, muss das Risikomanagement unmittelbar mit der Wiederherstellungsphase nach der akuten Krisenbewältigung beginnen. Somit ist das Risikomanagement mit dem Krisenmanagement untrennbar verwoben. Denn auch das Krisenmanagement muss schon vor dem Erkennen einer Krise – sprich heute – beginnen.

Nur wenn Sie als verantwortliche Führungskraft bei den unterschiedlichsten Akteuren (von den betroffenen Menschen bis zur Weltöffentlichkeit) über Vertrauen und eine entsprechende Reputation verfügen, werden Sie in der Lage sein, das operative und administrative sowie vor allem das politische Krisenmanagement erfolgreich zu beherrschen. Es reicht heute nicht mehr aus, das Richtige zu tun –

# 1 Vorbemerkungen

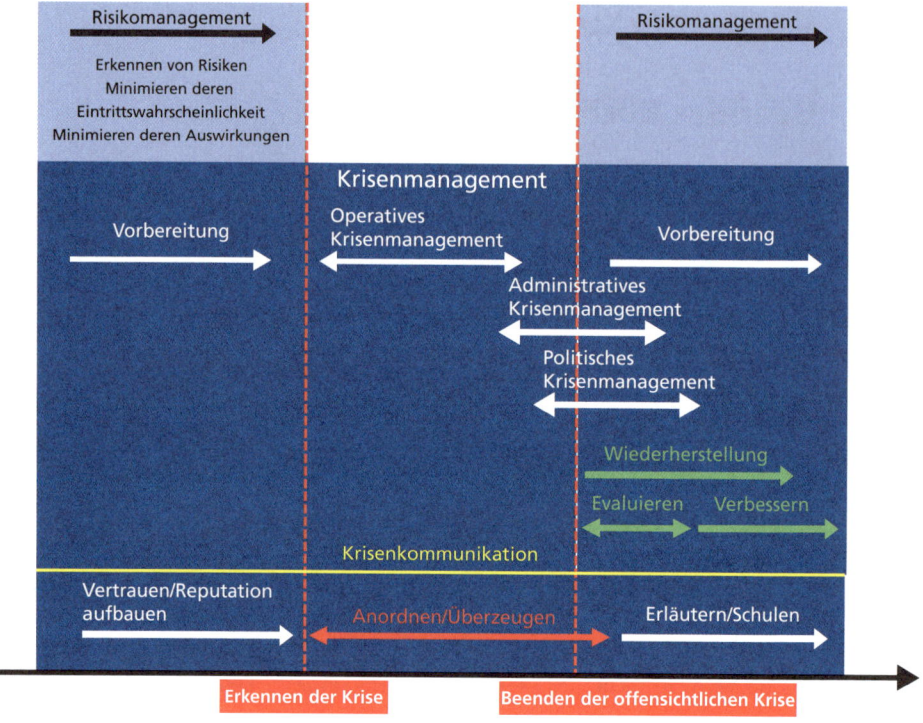

**Bild 1:** *Risiko- und Krisenmanagement*

es muss auch von der Mehrheit als richtig angesehen werden. Dies ist Aufgabe der Krisenkommunikation.

Ist die akute Krisenbewältigung erfolgreich abgeschlossen, müssen Sie zum einen die Lebenssituation in Ihrer Kommune wieder auf das Vorkrisenniveau oder ein Höheres bringen und zum anderen die politischen Folgen meistern. Scheitern Sie in einem von beidem, wird Ihre Karriere ein jähes Ende finden. Ihre politischen Gegner warten aber nicht erst das Ende der akuten Krisenbewältigung ab. Nach einer gewissen Schonfrist bestehend aus Schock und Anteilnahme beginnen die unterschiedlichsten Akteure nach Schuldigen zu suchen und die Krise für eigene Interessen zu nutzen. Sie als kommunaler Krisenmanager werden unweigerlich in deren Schussfeld gelangen (vgl. die Ereignisse nach der Ahrtalflut 2021, die juristisch und politisch bis heute nicht abgeschlossen sind).

In diesem Buch versuche ich, die wesentlichen Aspekte eines Krisenmanagements anzusprechen sowie die heutigen und die zukünftigen Herausforderungen zu berücksichtigen. Es ist kein wissenschaftliches Werk, Theorien werden nicht analysiert, sondern im Hinblick auf ihren Nutzen für die praktische Krisenbewältigung betrachtet. Das Leitbild dieses Vorgehens lieferten

- Goethe: »Theorien sind gewöhnlich Übereilungen eines ungeduldigen Verstandes, der die Phänomene gern los sein möchte und an ihrer Stelle deswegen Bilder, Begriffe, ja oft nur Worte einschiebt.« und
- Thoreau: »Darum vereinfachen, vereinfachen!«

Denjenigen unter Ihnen, die sehr schnell erste Tipps benötigen, empfehle ich das Lesen der Merk-, Tipp- und Infokästen und das ▶ Kapitel 13. Leitlinien bei der Erstellung dieses Buches sind, neben meinen eigenen Erfahrungen, Erkenntnisse, die ich in Diskussionen mit Praktikern und Theoretikern sowie aus deren Veröffentlichungen gewinnen durfte. All diesen Personen gilt mein Dank!

## 1.2 Krisenarten

Eine Krise ist eine ungewünschte und unerwartete Situation. Sie entsteht häufig aus einer Anzahl von unerwarteten Ereignissen, die eine Abwärtsspirale in Gang setzt. Wird sie nicht adäquat bekämpft, hat sie erhebliche langfristige negative Folgen. Krisen sind so alt wie die Menschheit und Krisen, die die herrschenden Strukturen zerstören, kommen immer wieder vor. Im Gegensatz zu früher, zeichnen sich die heutigen Krisen dadurch aus, dass sie weder einen festdefinierten Anfang noch ein entsprechendes Ende besitzen. Eine Krise ist eine außergewöhnliche Herausforderung für jede Verwaltung. Sie ist Ihr »Realer Stress-Test«. Kennzeichnend für eine Krise sind drei Eigenschaften: Bedrohung, Dringlichkeit und Unsicherheit.

Die Bedrohung betrifft die Grundfeste einer Person, Gruppe, Organisation, Kultur, Gesellschaft oder der gesamten Menschheit. Dabei spielt es keine Rolle, ob die Bedrohung real existiert oder eine hinreichende Anzahl von Mitgliedern einer sozialen Gruppe glauben, sie würde existieren (vgl. die Impfangst). Dadurch entsteht eine Dreier-Beziehung aus dem eigentlichen Ereignis, dem Handeln der Verantwortlichen und der Wahrnehmung in der Öffentlichkeit, in der sich alle drei Dimensionen gegenseitig beeinflussen und somit ein dynamisches, nichtlineares, gekoppeltes System erzeugen. Die Bedrohung wird größer empfonden, wenn sie fundamentale Werte oder überlebenswichtige Strukturen betrifft. Viele Bedrohungen, ihre Art und Eintrittswahrscheinlichkeit sowie die Auswirkungen sind lange vor ihrem möglichen Eintritt bekannt (»Knowns«), andere sind zwar bekannt, aber die konkrete Art, Eintrittswahrscheinlichkeit und Auswirkungen sind aufgrund von fehlenden Infor-

# 1 Vorbemerkungen

mationen unbekannt (»Known Unknowns«) und von manchen wissen wir noch nicht einmal, dass sie existieren (»Unknown Unknowns« oder »Black Swans«).
Ausgangspunkt von Krisen sind häufig Ereignisse,
- die man vorhergesehen hat, aber deren Einfluss unterschätzt wurde (z. B. die Flutkatastrophe in Westdeutschland 2021),
- die nicht vorhergesehen werden konnten (so war die Ankunft der Europäer für die Ureinwohner Nordamerikas vermutlich nicht vorhersehbar),
- die vorhersehbar waren, aber nicht vorhergesehen wurden (bspw. die Covid-19-Krise, deren Auswirkungen nicht vorhergesehen wurden).

Unglücklicherweise gibt es keine festen Regeln, wie Krisen entstehen und verlaufen. Allerdings sind die Auswirkungen von Krisen immer lokal und öffentlich. Man kann Krisen danach unterscheiden, ob sie an einem oder an mehreren Orten Auswirkungen generieren. Aber die Lösung von Krisen muss immer lokal erfolgen und sie sollten so einfach wie möglich gehalten sein.

Um die Bedrohung abzuwenden, gilt es umgehend eventuell weitreichende Gegenmaßnahmen umzusetzen. Die Dringlichkeit ergibt sich aus zwei Faktoren: einmal aus dem Zeitpunkt, an dem das System aufgrund der Bedrohung nicht mehr zu tolerierende Schäden hinnehmen muss und einmal aus der Dauer bis zum Wirksamwerden der Gegenmaßnahmen. So werden erst in einigen Jahren die ersten Inseln aufgrund des Klimawandels untergehen. Auch die Auswirkungen einer Reduzierung der Emission von Treibhausgasen werden, wenn überhaupt, ebenfalls erst in einigen Jahren den Klimawandel merklich verlangsamen und umkehren. Die Dringlichkeit kann oft nicht objektiv quantifiziert werden. Auch sie wird häufig von Mitgliedern einer Gesellschaft sehr unterschiedlich wahrgenommen. Die Unsicherheit bezieht sich i. d. R. sowohl auf die Auswirkung der Bedrohung – besonders bei kaskadierenden Effekten in vernetzten, nichtlinearen Systemen, zum Beispiel der Kritischen Infrastrukturen – als auch auf die Wirksamkeit der Gegenmaßnahmen. Sie betrifft sowohl die Natur als auch die möglichen Konsequenzen der Bedrohung.

Krisen sind kritische Verzweigungen im Leben jeder Organisation und somit auch von Verwaltungen. Welcher Weg verfolgt wird, entscheidet über die weitere Karriere der politisch verantwortlichen Führungskräfte. Für letztere sind sie Grenzsituationen, die in der Regel nicht alltäglich, aber häufig auch persönlich existenzbedrohend sind. Sie sind eine Ansammlung von Problemen, die zu einem bestimmten Grad in einer bestimmten Zeit und Effektivität mit den zur Verfügung stehenden Ressourcen innerhalb des eigenen Zuständigkeitsbereiches gelöst werden müssen. Die Ressour-

## 1.2 Krisenarten

cen, die vor der Krise existieren, spielen dabei besonders zu Beginn der Krise eine entscheidende Rolle.

Immer häufiger müssen Krisenmanager mit anderen Akteuren um die Deutungshoheit konkurrieren:

- Was ist die Natur der Krise?
- Worauf wird sich die Bedrohung auswirken?
- Welche Kaskadeneffekte werden auftreten?
- usw.

Krisen durchlaufen eine Evolution. Snowden und Boone entwickelten eine Theorie (genannt Cynefin Framework), die Führungskräften helfen soll, Entscheidungen im jeweiligen Kontext treffen zu können. Die Handlungen müssen den Begebenheiten entsprechenden, in denen sich die Führungskraft gerade befindet. Sie unterscheiden in ihrem Cynefin Framework vier Krisensituationen (▶ Kapitel 5):

- **einfach:**
  - Die Strukturen wiederholen sich, die Ereignisse sind widerspruchsfrei.
  - Es liegt eine klare Ursache-Wirkung-Beziehung vor.
  - Es existieren für jeden einsichtig (eindeutige) richtige Lösungen.
- **kompliziert:**
  - Eine Expertenanalyse ist erforderlich.
  - Die Ursache-Wirkung-Beziehung ist ermittelbar, aber nicht für jeden sofort einsichtig.
  - Es existieren mehrere Lösungen, die richtig sein könnten.
- **komplex:**
  - Es liegt eine dynamische, nicht vorhersagbare Situation vor.
  - Es existieren keine eindeutig richtigen Lösungen mehr, sondern viele miteinander konkurrierende.
  - Kreative und innovative Herangehensweisen sind notwendig.
- **chaotisch:**
  - Es herrschen große Schwierigkeiten (in einem oder in mehreren Bereichen).
  - Es kann keine klare Ursache-Wirkung-Beziehung hergeleitet werden.
  - Es existiert kein Ansatzpunkt zum Finden der richtigen Lösung.
  - Viele Entscheidungen sind unter Zeitnot zu treffen.
  - Es herrscht ein hoher psychischer Druck.

# 1 Vorbemerkungen

Dabei gleicht keine Krise einer anderen – jede ist einmalig. Deshalb existieren auch keine Standardeinsatzregeln für Krisen. Allerdings lassen sich einige wenige »Gesetzmäßigkeiten« finden. Krisen können grob in mehrere Phasen eingeteilt werden: Eintritt, Chaosphase, Sicherstellung der Notversorgung, Stabilisierung der Lage und Wiederaufbau. Zudem haben Sie es in Krisen immer mit irgendwelchen Massenphänomenen zu tun: verstopfte Straßen, Zusammenbruch der Informations- und Kommunikationskanäle oder wie bei der Covid-19-Pandemie mit dem Ausverkauf von Toilettenpapier. Dies sollten Sie bei all Ihren Maßnahmen und Äußerungen beachten.

**Verlauf einer Krise:**
- Eintritt
- Chaosphase
- Sicherstellung der Notversorgung
- Stabilisierung der Lage auf niedrigem Niveau
- Wiederaufbau des »Normalzustandes«

In der Krise ist alles anders als im Normalzustand. Menschen reagieren anders: Sie verwandeln sich von logisch denkenden Individuen zu Herdentieren. Es gelten vor allem in der Chaosphase besondere Regeln. Die üblichen Ablaufroutinen führen nicht zum Erfolg. Die regulären Gesetzmäßigkeiten und Verfahren sind in Krisenzeiten außer Kraft gesetzt. Deshalb müssen neue Herangehensweisen während der Krise entwickelt werden. Die Personen, die diese neuen Herangehensweisen generieren, bedürfen einem Koordinatensystem – einer Krisenstrategie –, an dem sie sich orientieren können (▶ Kapitel 2.4). Die einzelnen Krisensituationen fordern von den Krisenmanagern unterschiedliche Vorgehensweisen. Manche Krisen treten plötzlich und mit einer großen Wucht ein, andere dagegen beginnen erst schleichend über einen längeren Zeitraum oder sie entwickeln sich wellenförmig. Einige Krisen eskalieren oder kaskadieren über die Zeit, andere sind zeitlich konstant oder deeskalieren. Sie können durch externe oder interne Ereignisse ausgelöst werden. Zusätzlich können auch einzelne Krisen miteinander verwoben sein.

In den heutigen modernen Gesellschaften treten Krisen aufgrund ausgefeilter Vorsorgemaßnahmen seltener auf als früher. Allerdings sind die Folgen dieser Krisen deutlich gestiegen. Aufgrund der Komplexität der gesamten Gesellschaft (Politik, Wirtschaft, Kultur usw.) und da ihre verschiedenen Teilsysteme miteinander oft nichtlinear und vorab unerkannt gekoppelt sind, können Entwicklungen, die für sich alleine undramatisch wären, katastrophale Auswirkungen zeigen. Diese Multi-Ursachen-Beziehung macht es schwierig, selbst schleichende Krisen so rechtzeitig

## 1.2 Krisenarten

zu erkennen, dass die Auswirkungen nicht eskalieren. Selbst die besten Experten sind nicht in der Lage, diese Systeme und die Interaktionen untereinander vollständig zu verstehen. Durch die Kopplung der Systeme mit Sozialsystemen – besonders auch mit den sozialen Medien – wird eine Prognose über deren zukünftiges Verhalten selbst bei der Nutzung der besten Computer unmöglich.

Das Ende einer Krise tritt in der Regel nicht mit dem Ende der »Einsatzmaßnahmen« ein. Schon während der Durchführung der Akutmaßnahmen, aber besonders nach deren Beendigung, werden Fragen nach den Ursachen, der Wirksamkeit und Angemessenheit der Maßnahmen usw. an die politisch verantwortlichen Führungskräfte gestellt. So ist der Kölner Oberbürgermeister Fritz Schramma auch eher an der Krise in den Wochen nach dem Abschluss der Bergungs- und Sicherungsarbeiten infolge des Stadtarchiveinsturzes als an der Kritik an den Einsatzmaßnahmen gescheitert.

> **Beispiel: Einsturz des Kölner Stadtarchivs am 03.03.2009**
> Aufgrund eines Wassereinbruchs in einer benachbarten Baugrube stürzte das Kölner Stadtarchiv ein. Bei dem Unglück kamen zwei Personen ums Leben. Unmittelbar nach den Bergungsmaßnahmen (der akuten Krisenbewältigung) setzen die Diskussionen über die Ursachen und Verantwortlichkeiten zum Unglück ein. Der amtierende Oberbürgermeister Schramma erklärte am 12.03.2009 in einem Interview im Deutschlandfunk: »[Ich] kann (…) mir nicht und werde mir auch nicht hier in der Form irgendeine Schuld persönlich politisch zuschreiben lassen.« Die Kritik an seinem Krisenmanagement führte Ende März 2009 dazu, dass er seine Kandidatur zur Wiederwahl im Spätsommer des gleichen Jahres zurückzog. Als Grund gab er an, dass der Einsturz zunehmend in den Wahlkampf gezogen werde, es werde »spekuliert, verdächtigt, verunglimpft, vorverurteilt«. Auch wurde gegen Herrn Schramma strafrechtlich ermittelt, da er interne, vertrauliche Sitzungen illegal mitgeschnitten haben soll. Die gesamte öffentliche Diskussion führte dazu, dass sich in einer repräsentativen Umfrage des Kölner Stadt-Anzeigers und des Express nur 38 % der Befragten für eine Wiederwahl Schrammas und 50 % für die Wahl seines Herausforderers aussprachen. Endgültig beendet war die Krise erst mit den Urteilen im Strafverfahren im Jahr 2019.

# 2 Strategische Aufgaben der politisch verantwortlichen Führungskraft

Die Aufgaben für die politisch verantwortliche Führungskraft teilen sich in drei Bereiche auf (▶ Bild 2):
- Aufgaben vor der Krise – Präventive Maßnahmen unterteilt in:
  - Risikomanagement und
  - vorbereitende Maßnahmen des Krisenmanagements sowie der Krisenkommunikation.
- Aufgaben während der Krise:
  - operatives Krisenmanagement,
  - administratives Krisenmanagement und
  - politisches Krisenmanagement.
- Aufgaben nach der Krise:
  - Wiederherstellung sowie
  - Lessons Learned.

Die Lessons Learned münden direkt in die Prävention der nächsten Krise.

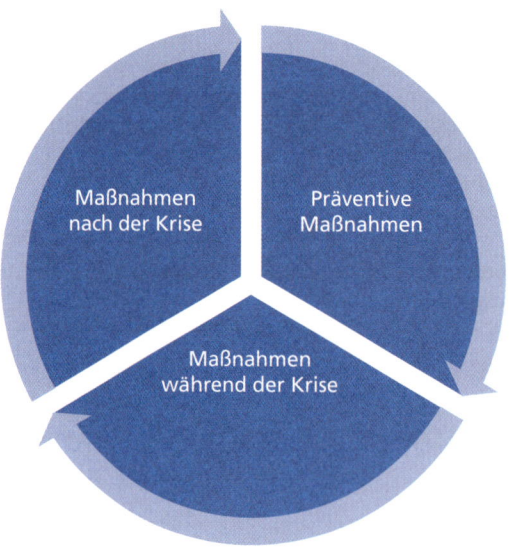

Bild 2:  *Die Aufgaben der politisch verantwortlichen Führungskraft*

## 2.1 Wirksamkeit von Führung in der Krise

In Krisen durchläuft eine Gesellschaft in der Regel fünf unterschiedliche Phasen (vgl. Hanke, 2016):
1. Verleugnen,
2. Zorn,
3. Verhandeln,
4. Depression,
5. Akzeptanz.

Nicht nur die betroffene Bevölkerung erwartet von den politisch verantwortlichen Führungskräften in Krisensituationen, dass sie nicht nur die Führung übernehmen und die Gesellschaft durch diese fünf Phasen führen, sondern dabei auch herausragende Leistungen erbringen. Während die Einsatzkräfte den Schaden begrenzen und/oder beheben, ist eine Hauptaufgabe der politisch verantwortlichen Führungskraft, das Vertrauen der Menschen in die Institutionen zu erhalten bzw. wieder herzustellen. Im Nachkriegsdeutschland wird häufig Helmut Schmidt sowohl durch seine Führung bei der Sturmflut 1962 als auch während des deutschen Herbst 1977 als Vorbild genannt.

> **Beispiel: Helmut Schmidt: Hamburger Flutkatastrophe**
> Die Sturmflut in der Nacht vom 16. auf den 17. Februar 1962 kostete in Hamburg 315 Menschen das Leben. Große Teile des Stadtgebietes (ca. 120 km²) wurden überflutet. Schmidt, damals Innensenator, stellt in seinen Erinnerungen (Schmidt, 2008) fest: »Ich muß gestehen, über die Gesetzesverstöße damals nicht nachgedacht zu haben. Vielmehr ließ ich mich allein von der moralischen Pflicht leiten, Menschen in großer Zahl aus unmittelbarer Lebensgefahr zu retten. Ich hatte später das Glück, von keiner Seite angeklagt zu werden.«

Die politisch verantwortliche Führungskraft soll wie ein Leuchtturm in einem Sturm den Unbilden der Krise trotzen und den Weg weisen. Bei den heutigen Krisen reicht es nicht mehr aus, die staatliche Krisenreaktion effektiv und effizient zu organisieren, vielmehr muss die politisch verantwortliche Führungskraft alle gesellschaftlichen Kräfte zusammenbringen und deren Reaktionen auf die Krise koordinieren. Gelingt dies nicht, weil sich zum Beispiel wesentliche gesellschaftliche Akteure nicht koordinieren lassen und eine eigene Agenda verfolgen, so bietet dies eine offene Flanke für Kritik. Bürger, Wirtschaft, Medien und Politiker (besonders der Opposition) erwarten aber nicht nur eine angemessene und professionelle Reaktion auf die

Krise, sondern sie erwarten auch, dass die politisch verantwortliche Führungskraft im Vorfeld alles vernünftig Realisierbare unternommen hat, um Risiken zu minimieren und Bedrohungen abzuschwächen, wenn nicht sogar zu eliminieren. Ist die Krise eingetreten und die Reaktion angelaufen, schwenkt die öffentliche Aufmerksamkeit schnell auf das Warum um: Warum ist es zur Krise gekommen? Warum zeigt die eingetretene Gefahr solch verheerende Folgen? Warum sind die Gefahrenabwehrbehörden nicht besser vorbereitet?

In Krisen sind die Führungskräfte gefordert. Sie müssen bestehende Routinen, Verfahrensabläufe, Dienstvorschriften usw. an die Krisensituation adaptieren oder sogar eliminieren, wenn dies notwendig ist. Sie müssen ihre Verwaltung/ihre unterstellten Einheiten aus dem Alltagsmodus in den Krisenmodus hieven. Aber das reicht nicht aus, sie müssen auch der Öffentlichkeit Vertrauen in den neuen Status Quo geben. Beide Aufgaben fallen mit einer entsprechenden Vorbereitung leichter: Die Führungskräfte müssen ihren Bereich resilienter gegenüber Schock- und Stressereignisse machen (vgl. Voßschmidt/Karsten, 2020).

**Merke:**
1. Kenne Deine Prioritäten und wer für was verantwortlich ist (Bund-Land-Kommune)!
2. Erkenne, womit Du es eigentlich zu tun hast!
3. Erkenne die verdeckten, nicht ausgesprochenen Bedürfnisse der Betroffenen!
4. Garantiere eine effektive interne und externe Krisenkommunikation!
5. Überarbeite Deine Strategie regelmäßig.

Nach Boin et al. (2017) ist Krisenmanagement eine Abkürzung für eine Reihe von miteinander verbundenen und außergewöhnlichen Herausforderungen für Verwaltung und Politik. Durch eine Kombination der folgenden Aufgaben wird ein effektives Krisenmanagement erreicht:

- frühzeitiges Erkennen einer sich abzeichnenden Krise,
- Erläutern der Krise und des eigenen Vorgehens gegenüber den Einsatzkräften und der Öffentlichkeit,
- Treffen von kritischen Entscheidungen durch kompetente Personen,
- Koordination aller Bemühungen von Einsatzkräften und Zivilgesellschaft,
- vertrauensvolle Kommunikation der Verwaltung mit den Bürgern,
- Rechenschaft gegenüber den Betroffenen und der Öffentlichkeit,
- Bereitschaft aller Beteiligten, gemeinsam die Lehren aus der Krise zu ziehen.

## 2.1 Wirksamkeit von Führung in der Krise

**Merke:**
Als politisch verantwortliche Führungskraft sollten Sie stets aktiv und nicht reaktiv handeln.

Für die Bewältigung von Krisen, die in die Zuständigkeit der Kommunen fallen, müssen in der Regel eine Vielzahl von staatlichen und privaten Organisationen (z. B. Feuerwehren, Polizei, Verwaltung, Hilfsorganisationen, Bundeswehr, Firmen (speziell der Kritischen Infrastrukturen), Spontanhelfende und die betroffene Bevölkerung) (DStGB 2023), deren Arbeitsweisen vollständig unterschiedlich sind, eingebunden geführt werden (▶ Bild 3). Die letzten beiden Gruppen bilden sich erst während der Krise, weshalb Vorabsprachen mit ihnen nicht möglich sind.

**Merke:**
Sie müssen der Leim sein, der alle Akteure in der Krise zusammenhält!

Das Führen von Menschen bedeutet heute in einer demokratischen, pluralistischen Gesellschaft, die Menschen dazu zu motivieren, das zu tun, was man als Führungskraft möchte. Dazu sind die Bemühungen der unterschiedlichen gesellschaftlichen Gruppen auf das gemeinsame Ziel auszurichten: Sie sind zu koordinieren und ihr Umfeld ist so zu kultivieren, dass sie ohne Druck auf das gewünschte Ziel zusteuern. Aus dem preußischen »Führen und Leiten« (im Englischen: Command and Control – C2) ist »Koordinieren und Kultivieren« (im Englischen: Coordination and Cultivation – C2) geworden (McChrystal et al., 2015). Die Führungsperson muss jede Möglichkeit nutzen, die Situation für die betroffene Bevölkerung zu verbessern. Und falls sie solche Möglichkeiten nicht findet, dann muss sie sie erzeugen.

Wie die Analysen des U. S. Kongresses zu den Terroranschlägen auf das World Trade Center in New York zeigen, steigert ein Mehr an Einsatzkräften, Ressourcen, Informationen und Führen und Leiten nicht immer die Effektivität der Gefahrenabwehr. Die Covid-19-Krise oder 9/11 waren beispielsweise ein Versagen der Vorstellungskraft und des rechtzeitigen Erkennens der aufkommenden Krise. Und die Gefahrenabwehr nach dem Hurricane Katrina 2005 ein Scheitern der Initiative und ein Scheitern der Führung (Crosweller, 2015). Krisen sind leichter zu bewältigen, wenn sich alle Akteure (Staat, Zivilgesellschaft, Wirtschaft und jede Person) entsprechend vorbereiten und die Gesellschaft somit resilienter wird. Die Menschen dazu zu motivieren, ist allerdings schwieriger als in der eigentlichen Krise – Menschen sind durch Angst leichter zu mobilisieren als durch Hoffnung (Rose, 2019).

# 2 Strategische Aufgaben der politisch verantwortlichen Führungskraft

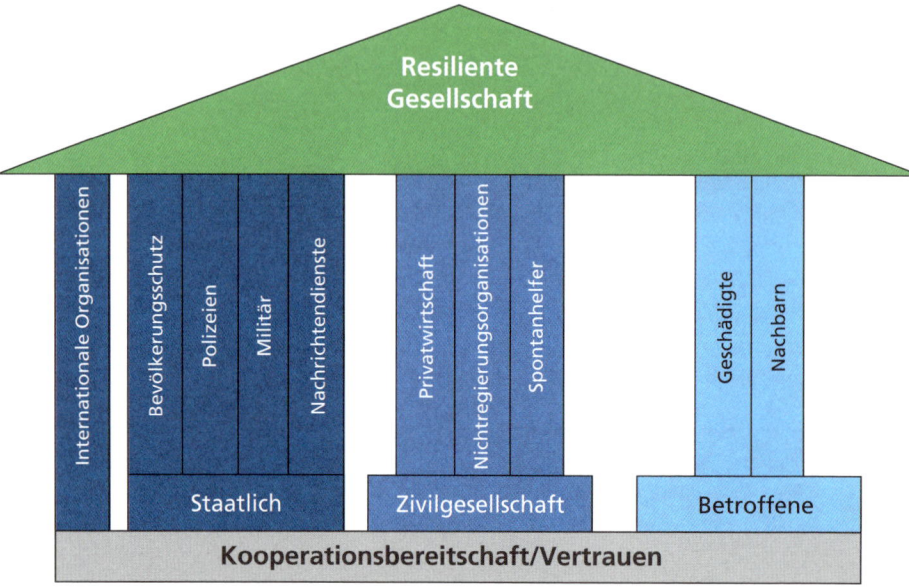

Bild 3: *Zehn-Säulenmodell einer resilienten Gesellschaft*

Trotzdem werden die heutigen und besonders die zukünftigen Krisen ohne eine entsprechende Vorbereitung der gesamten Gesellschaft nicht zu meistern sein. Als politisch verantwortliche Führungskraft werden Sie Krisen nur meistern, wenn Sie in der Lage sind,
- in hoch komplexen und dynamischen Situationen effektiv und effizient zu handeln,
- neue, sich ggf. schnell wechselnde untereinander konkurrierende Prioritäten zu erkennen, entsprechend darauf zu reagieren und
- unerwartete Blockaden zu überwinden.

Sie und Ihre Initiativen sind gerade dann gefordert, wenn die vorgehaltenen Kapazitäten zur Krisenbewältigung überfordert sind und wenn die üblichen Systeme und Prozesse ineffektiv werden. Dann müssen Sie die Kreativität und die Innovationskraft der gesamten Gesellschaft aktivieren und nutzen. Sie müssen die entsprechende Notwendigkeit dazu übermitteln und ein gemeinsames Situationsbewusstsein erzeugen (▶Kapitel 10.1). In Krisen reicht es in der Regel nicht aus, einfach die Planungen für »normale« Katastrophen auszuweiten. In Krisen herrschen andere Regeln als im alltäglichen Leben (▶Kapitel 7).

## 2.1 Wirksamkeit von Führung in der Krise

**Info:**
In diesem Buch sollen folgende Unterscheidung gelten, wobei der Begriff Katastrophe nicht im Sinne der Katastrophenschutzgesetze verstanden werden soll:
- **Notfall:** ein Ereignis, dass tagtäglich vorkommt und mit den Standardroutinen bewältigt werden kann (z. B. Feuerwehr- oder Rettungsdiensteinsatz, Streik im öffentlichen Dienst, IT-Ausfall)
- **Katastrophe:** ein großer Notfall, welcher eine besondere Koordination bedarf und auf den sich die Verwaltung vorbereitet hat
- **Krise:** eine Katastrophe, die die Verwaltung unvorbereitet trifft

In der Krise muss das Ziel eines jeden Krisenmanagements sein, vom Reagierenden zum Agierenden zu werden, d. h. »vor die Lage« zu kommen. Das wiederum bedeutet, dass die eigenen Handlungen das Umfeld so beeinflussen, dass sich die Krise in die gewünschte Richtung entwickelt. Führung ist heute mehr denn je auch deshalb erforderlich, weil sich Krisen aufgrund der schnellen und digitalisierten Kommunikation immer weiter dynamisieren. Krisen werden nur dann bewältigt und nicht nur überstanden, wenn Sie als politisch verantwortliche Führungskraft in der Lage sind, die Bevölkerung kommunikativ zu erreichen, um sie zu kurz-, mittel- und langfristigen, individuellen und kollektiven Maßnahmen zur Bewältigung der Krise zu animieren.

In Krisen besteht der Wunsch nach Einfachheit in einer komplexen Welt (was häufig zu Verschwörungstheorien führt) sowie das Bedürfnis nach Gewissheit inmitten des Chaos. Dies widerspricht sich mit unserem arbiträren Wunsch nach Autonomie einerseits und Führung andererseits. Krisen sind Ausnahmesituationen, die besondere Anstrengungen zur Bewältigung bedürfen. Stellen und fordern Sie deshalb ständig hohe Ansprüche an sich selbst und an die Ihnen unterstellten Akteure – Krisen bedürfen eine Top-Leistung aller Beteiligten. Dazu müssen Sie den Ihnen unterstellten Akteuren den Rücken freihalten. Diese haben schon genug um die Ohren und Querschüsse von außen vermindern nur ihre Leistungen.

**Tipp:**
Loben Sie Ihre unterstellten Einsatzkräfte (der BOS und der sonstigen Verwaltung) regelmäßig.

Das Ergebnis von Führen ist das Resultat eines dynamischen Prozesses zwischen unterschiedlichen Faktoren:
- Kompetenz der Führungskraft,
- Einflüsse durch andere Personen,

- organisatorische Rahmenbedingungen,
- allgemeine Faktoren der sogenannten »Kalten Lage«,
- unmittelbare Situationseinflüsse der sogenannten »Heißen Lage«.

Als politisch verantwortliche Führungskraft können Sie einige dieser Faktoren stark beeinflussen (Ihre Kompetenz, Organisation, Kalte Lage) andere weniger (Einflüsse anderer Personen) und manche gar nicht (Heiße Lage). Wo Sie im Vorfeld einer Krise Einfluss nehmen und dadurch die spätere Krisenbewältigung erleichtern können, sollten Sie dies auch tun.

## 2.2 Führen Sie in der Krise – Die Aufgabe der politisch verantwortlichen Führungskraft!

Wie in einer Krise nicht geführt werden darf, zeigt die Ahrtalkatastrophe 2021. Auch wenn das rheinland-pfälzische Gesetz es gestattet, ist das Verhalten des Landrates des Landkreises Ahrweiler, die Führung zu delegieren und sich um die persönlichen Belange zu kümmern, nicht akzeptabel.

Der Oberbürgermeister (o. V. i. A.) bzw. der Landrat (o. V. i. A.) hat die Führung zu übernehmen.

Krisen tendieren dazu, Sie als politisch verantwortliche Führungskraft vor bisher noch nicht gekannte, häufig nicht vorhersehbare Herausforderungen zu stellen. Schon die heutigen Gefahren und Bedrohungen können nicht alle abgewehrt werden. Wir müssen akzeptieren, dass bei ihrem Eintritt garantiert Schäden entstehen werden. Deshalb ist es notwendig, die Resilienz der Gesellschaft zu steigern (Voßschmidt/Karsten, 2020). Damit die Bevölkerung dies akzeptiert, bedarf es Ihrer Führung als politisch verantwortliche Führungskraft. Und diese erfolgt im besten Fall schon vor dem Eintritt einer Krise: Bereiten Sie alle Akteure, besonders aber die Bevölkerung, auf mögliche Konsequenzen vor. Verbreiten Sie aber auch Zuversicht und Optimismus (Churchills »Blut-Schweiß- und Tränen-Rede« vom 13.05.1940). Seien Sie dabei aufrichtig. Auch wenn das politische Risiko für Sie nicht zu verneinen ist. Sprechen Sie offen über Gefahren und Bedrohungen, die eventuell auftreten können, und benennen Sie die Grenzen der staatlichen Gefahrenabwehrbehörden. Politische Führungskräfte müssen klar, aufrichtig und offen über die heutigen Risiken sprechen. Zu erwarten, dass eine Bevölkerung, die sich in vollständiger Sicherheit wiegt, im Bedarfsfall problemlos in einen Krisenmodus wechseln kann, ist grob fahrlässig.

## 2.3 Führen Sie in der Krise

**Führung nach McChrystal et al., 2009:**
1. Führung ist kontextabhängig und dynamisch und muss daher ständig angepasst werden, anstatt auf eine starre Formel reduziert zu werden.
2. Führung ist ein Phänomen, das in einem komplexen System mit reichhaltigem Feedback entsteht, und weniger ein einseitiger, vom Führer initiierter Prozess.
3. Die Figur des Führers ist für das Führungskonzept von maßgeblicher Bedeutung, aber nicht aus den traditionellen Gründen. Oft hat sie mehr mit Symbolismus, Sinnstiftung und Zukunftsversprechen zu tun, die Führer ihrem System bieten, und weniger mit tatsächlich erzielten Ergebnissen.

Führung ist oft eine Kombination aus den Handlungen der Führungskraft, glücklichen Umständen und kontextbezogenen Faktoren, die für ein positives Ergebnis sorgen. Dabei wird häufig bei der konkreten Bewältigung einer Krise die Führungskraft überschätzt. So vertritt Thomas Carlyle die Auffassung, dass der Lauf der Geschichte von einzelnen Personen mit besonderen Eigenschaften geformt wird. Dagegen steht die Auffassung, die Lew Tolstoi in »Krieg und Frieden« ausführt, dass der Lauf der Geschichte zufallsbedingt und der Einfluss von Führungskräften eher zu vernachlässigen ist. Welche Auffassung man auch vertritt, klar ist, dass keine Führungskraft eine Krise alleine bewältigen kann. Deshalb müssen Sie sich als politisch verantwortliche Führungskraft selbst und Ihre Organisation ertüchtigen, Krisen bewältigen zu können. Sehen Sie sich nur als einen – wenn auch wichtigen – Teil Ihrer Organisation an. Stellen Sie das »WIR« mehr in den Fokus als das »ICH«. Krisenmanagement hat nie nur mit der Kompetenz einer einzelnen Person zu tun. Verbessern Sie deshalb schon vor dem Eintritt einer Krise, adaptives, kreatives und innovatives Denken in Ihrem Krisenbewältigungsteam. Diskutieren Sie das Unvorstellbare in Ihrem Team. Dabei werden Sie bessere Ergebnisse erzielen, wenn Sie ein inhomogenes Team aufstellen.

Jede Entscheidung, jedes Handeln der Betroffenen, der Hilfskräfte, der Stabsmitglieder und von Ihnen selbst, wird durch Emotionen beeinflusst. Bewegte Bilder erzeugen beim Menschen starke Emotionen. Bedenken Sie das auch bei der Wahl der technischen Ausstattung des Stabsraumes. Benötigen Sie wirklich bewegte Bilder von Drohnen, aus dem Fernsehen oder den sozialen Medien? Oder genügt es, wenn Sie die darauf gewonnenen und aufbereiteten Informationen erhalten. Auf jeden Fall: Emotions-Management ist eine wichtige Aufgabe der politisch verantwortlichen Führungskraft.

Führung ist auf ein Ziel ausgerichtet, aber gleichzeitig abhängig vom gewählten Weg zu diesem Ziel. Führung ist weder glamourös noch unkompliziert.

**2** Strategische Aufgaben der politisch verantwortlichen Führungskraft

Vorbilder aus der Geschichte helfen nur im gewissen Maße; deren Erfahrungen, Weisheit und Lösungen werden nie so ganz zu Ihrer aktuellen Situation passen. Patentrezepte funktionieren nicht. Sie werden vor noch nie in dieser Form dagewesenen Situationen stehen und müssen neue Lösungen finden. Alte, gut eingeübte Routinen zeigen in der Regel für neuartige, noch nie dagewesene Ereignisse einen geringen Erfolg. In der Krise muss Neues entwickelt werden. Deshalb: »Wenn etwas dumm ist, aber funktioniert, ist es nicht dumm.« Allerdings heiligt der Zweck nicht jedes Mittel.

In Krisen gelten andere »Spielregeln« als in Katastrophen. Es muss mit einem hohen Maß an Komplexität und Nichtwissen umgegangen werden. Prioritäten müssen der sich schnell veränderten Situation angepasst werden. Lösungsoptionen für die einzelnen Probleme schließen sich unter Umständen gegenseitig aus oder beeinflussen sich negativ (vgl. die Isolierungsmaßnahmen zum Schutz vulnerabler Gruppen während der Covid-19-Pandemie). Ein einfaches Verstärken der in Katastrophen erfolgreichen Maßnahmen reicht nicht aus. Es genügt nicht, einfach ein Mehr an Einsatzkräften, Fahrzeugen, Informationen oder Führung zum Einsatz zu bringen. Neue Lösungsansätze müssen in einer sich schnell verschlechternden Situation entwickelt werden. Und dazu bedarf es Sie als politisch verantwortliche Führungskraft. Katastrophen können Ihr Feuerwehrchef und die Leitungen Ihrer Verwaltung eigenständig lösen, Krisen aber nicht. Die Krise im Ahrtal 2021 wäre vermutlich eine Katastrophe geblieben, wenn die Führungskräfte aus den Ereignissen im Weißeritztal gelernt und sich entsprechend vorbereitet hätten.

**Exkurs: Flut im Weißeritztal 2002:**
Das Weißeritztal ist gekennzeichnet durch steile Hänge, die dazu führen, dass Regen schnell in die Weißeritz abfließt. Im August 2002 waren die Böden durch wiederholte Niederschläge gesättigt.
Am 11.08.2002 erfolgte aufgrund einer sogenannten Vb-Wetterlage eine Unwetterwarnung für Sachsen, Sachsen-Anhalt und Thüringen. Am Morgen des 12.08.02 setzte südlich von Dresden heftiger Regen ein, wodurch es im Laufe des Tages zu einem schnellen Anstieg des Pegels der Weißeritz kam. Die Weißeritz führte das Hundertfache ihrer normalen Wassermenge. Gegen 21:30 Uhr wurde mit der Evakuierung (u. a. des Krankenhauses) von Freital begonnen. Die Weißeritz verließ in Freital das Flussbett und floss mit hoher Geschwindigkeit durch Straßen nahe dem Flussbett. Um 22:30 Uhr trat die Weißeritz in Dresden über die Ufer. Die Talsperren Malter, Klingenberg und Lehnmühle nahmen anfangs noch einen Teil der Regenmengen auf. Im Laufe des 13.08.02 liefen sie über und verschärften die Hochwassersituation. Gegen 00:15 Uhr kam es zum Stromausfall in Freital. Im Weißeritztal mussten Menschen mittels Hubschrauber evakuiert werden. In Dresen kam es zu

## 2.3 Führen Sie in der Krise

> großflächigen Überflutungen, die zu Strom- und Telefonausfällen führten. Im Weißeritztal waren viele Häuser und große Teile der Infrastruktur (Straßen, Brücken, Eisenbahnstrecken) zerstört. Viele Orte konnten nur noch per Hubschrauber erreicht werden. In der Nacht zum 14.08.02 fiel der Pegel der Weißeritz auf ein normales Maß. Viele Orte waren aber weiterhin von der Außenwelt abgeschnitten. Bis zu 40 000 Helfer sollen aufgrund der Flut im Einsatz gewesen sein.

Nur innerhalb eines kleinen Zeitintervalls, unmittelbar nach der Bewusstwerdung der Krise, fragt die Öffentlichkeit nicht nach den Ursachen der Krise. In dieser Phase akzeptiert sie Unglücke und menschliches Versagen und konzentriert sich auf die Durchführung der Gefahrenabwehr. Solange die Gefahrenabwehr professionell erfolgt, wird es keine Kritik geben. Aber schon nach kurzer Zeit werden von der Öffentlichkeit Fragen nach den Ursachen gestellt und ob es eventuell Versäumnisse in der Prävention gegeben hat. In den sozialen Medien kann sich jeder auf der gesamten Welt an dieser Diskussion unmittelbar beteiligen. Vermeintliche Experten werden nicht nur Sie angreifen, sondern auch die betroffene Bevölkerung verunsichern. Sie als politisch verantwortliche Führungskraft müssen sich um diese politische Bewältigung der Krise kümmern.

In Ihrer Rolle als Chef der Verwaltung stehen Ihnen eine Reihe von Anordnungsbefugnissen (z. B. aufgrund des Baurechts, Lebensmittelrechts, Ordnungsrechts, Katastrophenschutzrechts, Verwaltungsrechts, Bundesimmissionsschutzrechts) zur Verfügung. Auf Grundlage der entsprechenden Gesetze müssen Sie die Resilienz der eigenen Verwaltung in einem angemessenen Maß sicherstellen. Das bedeutet, Sie müssen:

- ein Business Continuity Management in die Verwaltung implementieren (Voßschmidt/Karsten, 2020),
- ausreichende Ressourcen für die Gefahrenabwehr (z. B. der Feuerwehr oder der Gesundheitsämter) vorhalten.

Daneben müssen Sie aber auch die Resilienz der Gesellschaft in Ihrem Zuständigkeitsbereich sicherstellen. Neben den gesetzlichen Anordnungsbefugnissen bedarf es hier im Wesentlichen Überzeugungskraft. Auch während der operativen Krisenbewältigung benötigen Sie neben Ihren Anordnungsbefugnissen viel Überzeugungskraft, um die Öffentlichkeit (z. B. Spontanhelfende) zu dem gewünschten Verhalten zu motivieren. Gerade als politisch verantwortliche Führungskraft muss es Ihr Ziel sein, nicht Macht über die Bürger auszuüben, sondern gemeinsam mit den Bürgern den positiven Ausgang des Ereignisses anzustreben.

**2**   Strategische Aufgaben der politisch verantwortlichen Führungskraft

Krisensituationen stellen politisch verantwortliche Führungskräfte vor schwierige und häufig scheinbar unlösbare Herausforderungen:
- Sie erfordern dringend Entscheidungen, selbst wenn essenzielle Informationen über Ursachen und Konsequenzen noch nicht zur Verfügung stehen.
- Sie erfordern eine effektive Krisenkommunikation, angepasst in Art und Wortwahl an unterschiedlichste Gruppen, deren Bedürfnisse, Ansichten und Referenzrahmen in einem weiten Feld schwanken.
- Sie erfordern, dass die politisch verantwortliche Führungskraft Vulnerabilitäten in bestehenden staatlichen und zivilgesellschaftlichen Strukturen und Routinen sowie unter Umständen in althergebrachten Werten erklärt.

Ziel der politisch verantwortlichen Führungskraft muss es sein, das durch die Krise erzeugte Chaos, die Verwirrung, das Gefühl der Hilflosigkeit bzw. der Wut zu begrenzen und die staatlichen und zivilgesellschaftlichen Kapazitäten zur Krisenbewältigung zu aktivieren und optimal einzusetzen. Auch für die Begrenzung bzw. die Bewältigung der Traumata der Betroffenen ist es sinnvoll, diese in die Krisenbewältigung aktiv einzubinden. Dazu sollte die politisch verantwortliche Führungskraft »gescheite« Ziele festlegen, definieren, wie (Teil-)Erfolge aussehen und die »richtigen« Fragen stellen.

**Häufige Fehler bei der Führung in Krisen:**
- Symptome statt Ursachen bekämpfen.
- Ins Mikromanagement verfallen.
- Sich um zu viele Aufgaben gleichzeitig kümmern.
- Ständiger Wechsel zwischen den verschiedenen Aufgaben.

Als »Leuchtturm« in der Krise muss die politisch verantwortliche Führungskraft schwierige und weitreichende (kritische) Entscheidungen auch unter den schwierigsten Rahmenbedingungen treffen. Dabei muss sie die Erwartungen der Öffentlichkeit erfüllen, selbst wenn diese unangemessen, eventuell sogar unfair oder illusorisch sind. Entsprechend dem Thomas-Theorem sind diese in ihren politischen Konsequenzen real.

## 2.3 Führen Sie in der Krise

**Thomas-Theorem (Thomas, 1920):**
»If men define situations as real, they are real in their consequences.«
Situationen, die von Menschen als real definiert werden, sind in ihren Konsequenzen real.

Die Führungskraft muss einige Eigenschaften vorweisen können, um auch in Krisensituation alle Aufgaben bewältigen zu können:

- **Stabiler Charakter:** Die Führungskraft …
    - …ist vertrauenswürdig.
    - …ist besonnen.
    - …hat die Fähigkeit, unter Druck gelassen zu bleiben.
- **Entschlossenheit:** Sie …
    - …trifft Entscheidungen und setzt diese um.
    - …besitzt die Fähigkeit, unter Druck ausgewogen und analytisch gute Urteile zu treffen.
    - …hat die Fähigkeit, einen situationsangepassten Entscheidungsstil anzuwenden.
    - …besitzt Autorität.
    - …handelt möglichst objektiv.
    - …ist jedem gegenüber unvoreingenommen.
- **Kommunikationsfähigkeit:** Die Führungskraft …
    - …kann ihre Anweisungen klar und strukturiert formulieren.
    - …hat keine Hemmungen in der Öffentlichkeit zu reden.
- **Sozialkompetenz:** Sie …
    - …besitzt die Fähigkeit, Konflikte in einer interdisziplinären Gruppe zu minimieren.
    - …baut Vertrauen auf.
    - …hat Respekt gegenüber den Mitmenschen und zeigt diesen.

Eine ausgewogene und gut organisierte Gefahrenabwehr und politische Krisenbewältigung begrenzen die Auswirkungen einer Krise und unterstützen die Wiederherstellung der Vorkrisensituation. Sie können das Vertrauen der Öffentlichkeit in Ihre Führungseigenschaften als politisch verantwortliche Führungskraft und in die staatlichen Institutionen wieder herstellen und sogar vergrößern. Sie garantieren aber nicht, dass die Krise erfolgreich überwunden wird. Die gut organisierte Gefahrenabwehr und politische Krisenbewältigung sind notwendige, aber nicht hinreichende Bedingungen des Krisenmanagements.

## 2  Strategische Aufgaben der politisch verantwortlichen Führungskraft

In demokratischen, liberalen Gesellschaften muss die politisch verantwortliche Führungskraft schwierige, manchmal sich wiedersprechende legale, politische und moralische Fragen beachten. Effektivität und Effizienz sind nicht die einzigen Werte, die beachtet werden müssen. Gerade in den letzten Jahren erschwert eine Entwicklung das Krisenmanagement: Ein großer Teil der Bevölkerung wird immer gefahrenintoleranter, d. h. sie erwarten, dass »der Staat« oder »die Gesellschaft« die Gefahren, die sie bedrohen, eliminieren bzw. minimieren und bei Eintreten der Krise diese unmittelbar für sie lösen. Dieser hohen Erwartungshaltung muss die politisch verantwortliche Führungskraft gerecht werden. Es gibt politisch verantwortliche Führungskräfte, die diese Erwartung im Vorfeld noch steigern, indem sie Risiken negieren bzw. kleinreden. Aus dieser Erwartungshaltung entsteht eine erhebliche Ungeduld, wenn lebenswichtige Services (Trinkwasser, Strom, Internet, …) nicht mehr angeboten werden. Oft schon während der Krise, aber fast immer danach, geraten die politisch verantwortlichen Führungskräfte unter erheblichen Druck aufgrund (entsprechend dem Thomas-Theorem auch bei vermeintlichen) von »Sünden« der Vergangenheit. Sollte die politisch verantwortliche Führungskraft diese »Sünden« nicht eingestehen, stehen die Chancen nicht schlecht, dass die politische Krisenbewältigung nicht endet. Aus den Erfahrungen der letzten Jahre wurde im BBK ein »Lagebild Bevölkerungsverhalten« entwickelt. Dies soll dazu dienen, den Entscheidungsträgern in zeitkritischen Situationen einen Überblick über die Reaktionen der Bevölkerung zu verschaffen, die einen erheblichen Einfluss auf die Krisenbewältigung haben können.

Kritik aus der Bevölkerung waren beispielsweise:
- Eine zu späte Warnung der Bevölkerung bei Hochwasserkrisen.
- Während der Ahrtalkatastrophe war ein Kritikpunkt der fehlende (bzw. nicht einberufene) Verwaltungsstab der Kreisverwaltung Ahrweiler. Ein weiterer war der Ausfall des Mobilfunknetzes und des Digitalfunknetzes der Behörden. Auch die Verlegung wichtiger Infrastruktur wie Wasser- und Stromleitung in Flussnähe wurde kritisiert.
- Ein weiterer Kritikpunkt sind nicht ausreichende Hochwasserschutzmaßnahmen. Dabei werden unterschiedliche Aspekte thematisiert: Deichbau, Nichtbebauung von Überschwemmungsgebieten, Flussbegradigungen, landwirtschaftliche Nutzung der Flussumgebungen etc.
- Bei Waldbränden wird immer wieder deren Pflege bzw. Nutzung angesprochen. Soll Totholz entfernt werden oder nicht. Im Ausland werden Wälder sogar von den Behörden vorsätzlich in Brand gesetzt, um so die Waldbrandgefahr zu senken. Aber auch die Anpflanzung bestimmter Bäume steht immer wieder in der Kritik.

## 2.3 Führen Sie in der Krise

- Während der Covid-19-Pandemie wurde u. a. die mangelhafte Ressourcenvorhaltung (Masken, Schutzkleidung, Medikamente etc.) heftig kritisiert.

**Die Aufgaben der Führungskraft:**
- Sie müssen sich selbst führen.
- Sie müssen Ziele erreichen.
- Sie müssen flexibel bleiben.
- Sie müssen andere zu großartigen Leistungen inspirieren.

Für eine gute Entscheidungsfindung ist es maßgebend, dass Entscheidungsbefugnis, Expertise und Informationen an einem Ort zusammenkommen. Dies kann bei den heutigen komplexen, hochdynamischen Lagen durch eine konsequente Delegation – dem Führen mit Auftrag – erreicht werden. Somit ist eine Hauptaufgabe für Sie als politisch verantwortliche Führungskraft, die Experten mit der notwendigen Expertise zu finden und ihnen die Möglichkeit zu verschaffen, ihre Expertise einzubringen. Schauen Sie sich offenen Auges einmal in Ihrer Verwaltung und in der Zivilgesellschaft Ihrer Kommune um. Sie müssen während der Krise Krisen-Teambuilding betreiben. Und Sie müssen das notwendige Wissen ausfindig und »prozessfähig« machen. Dabei müssen Sie davon ausgehen, dass Sie zum Finden der »besten« Option nicht genügend Zeit zur Verfügung haben. Ausgangspunkt all Ihrer Überlegungen muss sein, was Sie wissen, nicht was Sie oder Ihre Berater glauben.

**Veränderung der Führung im 21. Jahrhundert**
In den letzten Jahren praktizieren mehr und mehr Führungskräfte einen neuen Führungsstil, der über den kooperativen Führungsstil hinausgeht. Sie akzeptieren, dass sich die Rahmenbedingungen deutlich verändert haben:

- Sie haben es heute mit informierten und selbstbewussten Mitarbeitern zu tun. Die hierarchische Distanz zwischen Vorgesetzten und Mitarbeitern ist in den letzten Jahrzehnten kleiner geworden.
- Die Komplexität von Krisen erfordert eine intelligente Entscheidungspraxis, die auch auf Intuition beruht.

Wenn Sie auch einen neuen Führungsstil nutzen möchten, sollten Sie folgende Empfehlungen von Leipprand et al. (2012) beherzigen:

- Sammeln Sie zukunftsrelevante Informationen und leiten Sie daraus Szenarien ab.
- Hinterfragen Sie ständig Ihre eigenen Annahmen.

# 2 Strategische Aufgaben der politisch verantwortlichen Führungskraft

- Vernetzen Sie sich über Sektorengrenzen hinweg: »In Krisen Köpfe kennen!«
- Setzen Sie in Ihrem direkten Umfeld auf Diversität und suchen Sie bewusst nach Mitarbeitern, die über unterschiedliche Hintergründe, fachliche Ausbildungen und Sektorenerfahrungen verfügen.

## 2.3 Der Oberbürgermeister/der Landrat als Leuchtturm in der Krise

Als politisch verantwortliche Führungskraft müssen Sie die Erwartungen der betroffenen Bevölkerung vor Ort erfüllen – und dies unter der ständigen Beobachtung. Behalten Sie dafür die zwei Kernkompetenzen eines Krisenmanagers im Auge:
- gesunder Menschenverstand und
- Empathie.

Solange Sie diese beiden Kernkompetenzen nutzen, werden Sie jede Krise zumindest befriedigend bestehen.

Aber es ist nicht nur wichtig, was Sie tun oder unterlassen, sondern auch, was die Öffentlichkeit glaubt, was Sie tun und wie sie Ihre Handlungen bewertet (vgl. Covid-19-Pandemie).

**Merke:**
Ihre Reputation wird nicht durch die Realität gefährdet, sondern durch das, was die Öffentlichkeit glaubt.

Als politisch verantwortliche Führungskraft müssen Sie eine Vision mit Kernzielen und -prioritäten vermitteln (»Wir überstehen diese Krise und hinterher wird das Leben wieder schön!«), Zusammenhalt erzeugen, andere zu herausragenden Leistungen inspirieren und letztendlich Ihre vordefinierten Ziele erreichen. Dabei bleiben Sie persönlich für alle getroffenen und auch nicht getroffenen Maßnahmen verantwortlich. Sie müssen die verschiedenen Akteure dazu motivieren, zu Ihnen an Bord zu kommen, um gemeinsam das Schicksal der Betroffenen zu mildern. In ausweglos scheinenden Situationen müssen Sie aus einer »Mission Impossible« eine Operation machen, mit deren Hilfe die gesteckten Ziele erreicht werden. Sie müssen einen Geist von »Wir schaffen das zusammen – und nur zusammen« erzeugen. Dazu müssen Sie alle Akteure emotional miteinander verbinden: »Wir sind ein Team aus Teams!« Ihr

## 2.3 Der Oberbürgermeister/der Landrat als Leuchtturm in der Krise

Ego muss hintenanstehen. Ein Wegducken, wie bei Führungskräften während der Flutkatastrophe 2021 in Westdeutschland erlebt, ist nicht tolerierbar.

Nutzen Sie Ihre emotionale Intelligenz und Empathie, um Vertrauen aufzubauen. Gehen Sie auf die Menschen zu. Warten Sie nicht ab, dass jemand zu Ihnen kommt. Versuchen Sie herauszufinden, welche Motivation die unterschiedlichen Akteure, die an der Krisenreaktion teilnehmen, haben. Versuchen Sie sie zu verstehen. Stellen Sie Fragen, die Ihnen Informationen, aber auch Bedenken, Ängste, Ideen, Fantasien und fremde Perspektiven liefern. Seien Sie jedem und allem gegenüber aufmerksam. Versuchen Sie ein umfangreiches, allerdings nicht zu detailliertes Gesamtbild zu bekommen. Versuchen Sie bei jeder Gelegenheit, allen Beteiligten der Krisenreaktion das Gefühl zu vermitteln, dass diese eine wichtige Aufgabe erfolgreich ausführen. Erzeugen Sie in ihnen das Gefühl der Kompetenz.

**Tipp:**
Strahlen Sie Souveränität aus. Achten Sie auf Ihr äußeres Erscheinungsbild: Wirres Haar und ungepflegte Kleidung wirken entsprechend gestresst und wenig souverän.

Bedenken Sie, dass die verschiedenen Akteure Menschen mit unterschiedlichsten Charakteren sind. Sie müssen deshalb in der Lage sein, Ihre Botschaften an Menschen mit teilweise gegensätzlichen Standpunkten zu senden. Denken Sie immer daran, der Köder muss dem Fisch, den Sie fangen wollen, schmecken, nicht Ihnen oder anderen Fischen. Erzeugen Sie eine Atmosphäre des gegenseitigen Respekts, der Offenheit und der Fairness.

Widersprüche im Situationsbewusstsein und in den Zielen der verschiedenen Akteure müssen Sie erkennen und ausbalancieren. Die Vermeidung der Klärung von Zielkonflikten sowie mangelnde Konkretisierung Ihrer Vorgaben, fehlende Prioritätensetzung und zu frühe Festlegung auf endgültige Ziele erhöhen immens die Wahrscheinlichkeit, dass die Krisenreaktion scheitert.

**Tipp:**
1. Kommunizieren Sie beständig!
2. Tauschen Sie so viel Informationen wie möglich aus! Transparenz und Häufigkeit stellen sicher, dass jeder weiß, dass er bei der Erfüllung der Mission eine Rolle spielt.
3. Setzen Sie Prioritäten! Nutzen Sie die Macht des »Nein«.
4. Seien Sie ehrlich! Kommunizieren Sie, was Sie wissen und was Sie nicht wissen, und dass dieses Wissen die Basis Ihrer Planungen ist.

> **5.** Verbreiten Sie Optimismus! Ihre Verwaltung wird gestärkt aus dieser Krise gehen.

Wichtiger als konkrete Aufträge zu erteilen, ist für Sie, dass Sie Ihre Werte (»Alle Personen im Schadensgebiet werden gleich behandelt, wobei wir ein besonderes Augenmerk auf Angehörige von vulnerablen Gruppen werfen.«), die Ihr Handeln bestimmen, an alle Akteure und deren Netzwerke kommunizieren – auch wenn Sie die meisten von diesen Menschen niemals zu Gesicht bekommen werden.

Es geht weniger um das, was ist, als um das, was sein könnte. Sie müssen die Zukunftshoffnungen aller Akteure repräsentieren und deren Zukunftsängste minimieren. Sie müssen in ihnen ein Gefühl für das Mögliche wecken. Erklären und strukturieren Sie die Krise (▶ Kapitel 10.1). Menschen verstehen die Welt besser, wenn sie jemand für sie strukturiert. Wenn Sie dieses allgemeine Bedürfnis nicht erfüllen, wird es jemand anderes tun – und das vermutlich nicht in Ihrem Sinne (vgl. Corona-Leugner). Führung ist im Wesentlichen eine charakterbasierte und wertegetriebene Kunst, nicht nur Management und Kommunikation. Es ist ein fragiles Beziehungsnetz.

MacNulty et al. (2016) formulieren einige wichtige Anforderungen an Sie als politisch verantwortliche Führungskraft. Sie sollten …

- sich selbst gut kennen, Ihre Stärken, Schwächen, Vorlieben und besonders die Schalter, bei deren Auslösen sie emotional reagieren.[1]
- einen starken Charakter und unerschütterliche Integrität besitzen.
- Ehre besitzen. Zeigen Sie Empathie gegenüber Betroffenen und Einsatzkräften.
- Mut haben. Geben Sie eigene Fehler zu und lernen Sie aus ihnen. Seien Sie Vorbild für die Ihnen unterstellten Einsatzkräfte: Passen Sie Ihr eigenes Verhalten der Situation an.
- jede Person respektieren und dies auch deutlich zeigen. Stellen Sie sich in den Dienst Ihrer unterstellten Führungskräfte. Seien Sie Förderer und Motivator.

---

[1] Beachten Sie, dass wir Menschen besonders unter Stress eher auf unsere Gefühle reagieren als auf Fakten und Argumente.

## 2.3 Der Oberbürgermeister/der Landrat als Leuchtturm in der Krise

- jede Person als Mensch behandeln. Bringen Sie die Ihnen unterstellten Akteure zur Höchstleistung.
- das große Bild der Krise sehen, verstehen und nicht aus dem Blick verlieren. Führen Sie mit Auftrag – Vermeiden Sie Mikromanagement.
- strategisch und systematisch denken.
- Ihren unterstellten Führungskräften vertrauen. Praktizieren Sie einen »dienenden Führungsstil«.
- die verschiedenen Kulturen der unterschiedlichen Akteure verstehen. Identifizieren Sie möglichst alle Akteure überbrückenden, ethischen Prinzipien.
- ergebnisorientiert denken. Legen Sie eindeutige Ziele fest und verbreiten Sie diese.
- vertrauenswürdig sein. Fördern Sie Transparenz und Aufrichtigkeit auf allen Ebenen.
- die Initiative ergreifen. Legen Sie Ihre eigene Rolle (Aufgaben, Entscheidungskompetenz, …) eindeutig fest und kommunizieren Sie dies unmissverständlich.
- Selbstbewusstsein besitzen. Vermitteln Sie Zuversicht.
- stets Ihr Handeln/Ihr Führungsverhalten hinterfragen und lernfähig bleiben.
- Menschen motivieren. Seien Sie stets Vorbild, ein motivierendes und sinnstiftendes Symbol.

Bei Ihren Entscheidungen als politisch verantwortliche Führungskraft sollten Sie folgendes beachten:
- Entscheiden Sie entsprechend universellen Werten (z. B. Kants Kategorischer Imperativ).
- Artikulieren Sie diese Werte klar und deutlich.
- Entwickeln Sie eine Krisenstrategie, die auf diesen universellen Werten beruht.

Um Ihre Mitarbeiter zu einer herausragenden Leistung zu bringen, sollten Sie …
- Ihre eigene Effektivität und Effizienz nach außen demonstrieren.
- Disziplin zeigen.
- realistische Ziele, Erwartungen und Erklärungen zum Geschehen an die Ihnen unterstellten Akteure festlegen und diese unmissverständlich kommunizieren.

# 2 Strategische Aufgaben der politisch verantwortlichen Führungskraft

- ein Umfeld erzeugen, in dem die Ihnen unterstellten Akteure ihre Ziele erreichen können.
- wenn möglich, alle Akteure – auch aus der Zivilgesellschaft – einbinden.

In der heutigen Zeit werden Sie in den meisten Krisen sehr unterschiedliche Akteure zu einer gemeinsamen Krisenreaktion animieren müssen (▶ Kapitel 4). Sie müssen eher den Verbindungsknoten in einem Netzwerk darstellen, der die sehr unterschiedlichen Akteure zusammenhält als die Spitze einer Führungspyramide. Ihre Ihnen unterstellten Führungskräfte benötigen von Ihnen als politisch verantwortliche Führungskraft Informationen, Kontaktdaten zu anderen Führungskräften der entsprechenden Ebene, Vertrauen und Durchsetzungsfähigkeit bei An- und Nachforderungen. Achten Sie auf scheinbar nebensächliche Details und entwickeln Sie ein Gespür für darin enthaltene Informationen/Warnhinweise.

Um die Ängste sowohl bei Betroffenen wie auch bei den Einsatzkräften nicht zu steigern, sollten Sie Wartezeiten und Zeiten der Inaktivität so gering wie möglich halten. Zeitgenössische Untersuchungen der Angstzustände von Soldaten des 1. Weltkrieges legen langes Warten und Perioden der Ungewissheit als Ursache der großen Angstgefühle nahe (Ellis, 1977). Wenn Wartezeiten einmal notwendig sind, erläutern Sie, warum. Geben Sie ihnen einen allgemein verständlichen Sinn. Und bedenken Sie immer, dass Sie als Person einerseits wichtiger und anderseits unwichtiger sind, als Sie und andere allgemein annehmen.

**Merke:**
Oberste Priorität haben die Bedürfnisse der Betroffenen! Danach kommen die Bedürfnisse Ihrer Einsatzkräfte. Zuletzt kommen Ihre Bedürfnisse!

## 2.4 Krisenstrategie: Grundlage des Delegierens für den Oberbürgermeister/den Landrat

Häufig gibt es eine Vielzahl von teilweise komplexen Möglichkeiten, eine Krise zu lösen. Um diese Anzahl zu verringern, müssen im Vorfeld von Ihnen als politisch verantwortliche Führungskraft generalisierte Vorgaben aufgestellt werden, wie die Krisenreaktion zu erfolgen hat. Sie müssen eine »Krisenstrategie« (Karsten, 2019) vorgeben:

## 2.4 Krisenstrategie: Grundlage des Delegierens

- **Was besitzt Priorität?**
  - Schutz der Bevölkerung?
  - Aufrechterhaltung der öffentlichen Sicherheit und Ordnung?
  - Schutz eines einzelnen Lebens?
  - Eindämmung einer Krise?
- **Was ist das zu Grunde liegende Ziel der Krisenbewältigung?**
  - schnelle Überwindung der Krise?
  - geringe Schäden/Kosten?
  - geringer Reputationsverlust?
  - geringe Benachteiligung für die Bevölkerung?
  - nach der Krise soll die Alltagssituation besser sein als vor der Krise?

Ihr oberstes Ziel und die Leitlinien, die dabei eingehalten werden sollen, müssen Sie eindeutig und unmissverständlich allen Ihnen unterstellten Führungskräften vermitteln. Denn selbst das positivste Ziel heiligt nicht jedes Mittel, wie die Gerichte im Fall Daschner (FAZ-Online, 2004) bzw. zum Luftsicherheitsgesetz (Die Zeit-Online, 2013) feststellten.

Haben Sie Ihre Krisenstrategie festgelegt, können Ihre unterstellten Führungskräfte die eigenen Planungen entsprechend optimieren. Die Forderung der FwDV/DV 100, mit geringstem Aufwand den größtmöglichen Erfolg zu erzielen, erinnert zwar an das ökonomische Prinzip, ist aber nicht umsetzbar. Zwischen den folgenden drei Möglichkeiten zur Optimierung muss gewählt werden:

1. Minimierung des Inputs (Mitteleinsatz) bei festgeschriebenem Output (Erfolg).
2. Maximierung des Outputs bei festgeschriebenem Input.
3. Suchen von Nebenminima für Input und Output, sodass das Verhältnis beider optimiert wird.

Im Bevölkerungsschutz findet man die Variante 3:

1. in der Regel bei kleineren Einsatzlagen: Es sind genügend Einsatzkräfte entsprechend der Alarm- und Einsatzordnung an der Einsatzstelle vorhanden.
2. bei größeren Einsatzlagen in der Anfangsphase: Es herrscht ein Mangel an Einsatzkräften.
3. bei größeren Einsatzlagen in späteren Einsatzphasen.

# 3 Koordinieren und Kultivieren statt Führen und Leiten – das MUSS in der heutigen Zeit

In vielen Lehrbüchern werden Organisationen in mechanischen Begriffen, Organigrammen und Plänen beschrieben. Selbst die Menschen darin werden als Teil einer großen Maschine angesehen. Dabei gibt es eine Reihe von wissenschaftlichen Untersuchungen, die nahelegen, dass selbstorganisierte Teams effektiver sind als vorbestimmte. Aber selbst wenn dies nicht der Fall wäre, organisieren sich die ersten Krisenbewältiger von Natur aus selbst und nicht vorbestimmt (▶ Kapitel 3.2). Diese lokal entstandenen Führungssysteme, die sich durch die Betroffenen und deren Nachbarn während der Selbsthilfe-Phase etablieren, sollten durch die staatlichen Gefahrenabwehrbehörden nicht ohne zwingenden Grund zerstört werden. Entsprechend dem Grundprinzip der Gefahrenabwehr: Alles, was gut funktioniert, sollte nicht verändert werden.

Führung ist eher eine Feedback-Schleife als eine hierarchische Befehlskette. Sie müssen Ihren Führungsstil der Situation und entsprechend den beteiligten Akteuren anpassen. Dazu haben Sie drei Stellschrauben (Albers/Hayes, 2003):
1. Art der Zusammenarbeit der Akteure – von keine bis uneingeschränkte,
2. Informationsverteilung an die anderen Akteure – von keine bis umfangreiche,
3. Verteilung des Rechts auf Entscheidung – von alleiniges bis im Kollektiv.

Die deutsche Führungskultur »Das Führen mit Auftrag« sieht eine weitgehende kooperative Führung vor (▶ Kapitel 3.4).

## 3.1 Mythos Führung

*»Wer glaubt, dass Einsatzleiter Einsätze leiten, der glaubt auch, dass Zitronenfalter Zitronen falten!« (Unbekannt)*

Gerade wenn Krisen geografisch ausgedehnt wirken und/oder mehrere Organisationen involviert sind, ist aufgrund des subsidiären Aufbaus des deutschen Staates eine strikte Führung von oben nach unten nicht möglich. Aber auch wenn dies gesetzlich möglich wäre, dürfte die hohe Dynamik und Komplexität heutiger Krisen eine zentralisierte Führung unmöglich machen (vgl. die Flutkatastrophen der letzten

## 3.1 Mythos Führung

Jahre, die Flüchtlingskrisen oder die Covid-19-Pandemie). Selbst bei den besten Führungskräften ist die Fähigkeit, unterschiedlichste Optionen zu beurteilen, beschränkt. Außerdem ist es eine Illusion anzunehmen, dass Ihre strategischen Entscheidungen als politisch verantwortliche Führungskraft nahtlos vor Ort in operative Ausführungen umgesetzt werden. Gründe hierfür sind:

- Kommunikationsprobleme (Denken Sie an das Kinderspiel »Stille Post«.),
- die Dauer, die benötigt wird vom Erkennen eines Problems vor Ort, über die Entscheidung bis hin zur Umsetzung, ist zu lang (▶ Kapitel 7.1),
- Ihre unterstellten Führungskräfte halten Ihre Entscheidungen für suboptimal, nicht durchführbar usw.

Dies alles führt dazu, dass Führung und Ausführung ineinander unentwirrbar verwoben sind. Hinzu kommt, dass die heutigen Krisen häufig nicht von den staatlichen Behörden allein adäquat gemeistert werden können. Zivile Akteure (Privatwirtschaft, Non Governmental Organisations (NGOs), Spontanhelfende), die sich dem strikten staatlichen Führen entziehen, müssen mit eingebunden werden.

Krisenbewältigung beinhaltet mehr als die richtigen Entscheidungen rechtzeitig zu treffen. Der wesentliche Punkt ist die erfolgreiche Umsetzung, die aber ohne die Betroffenen und die allgemeine Öffentlichkeit in einer Demokratie nicht möglich ist. Deshalb ist es eine der wichtigsten Aufgaben, der Sie sich als politisch verantwortliche Führungskraft stellen müssen, ein »Krisenbewältigungs-Netzwerk« zu formen und in diesem, die verschiedenen Akteure zu koordinieren (▶ Kapitel 4). Umso erfolgreicher Sie koordinieren und das Umfeld für die einzelnen Akteure positiv kultivieren, desto besser wird die Krise bewältigt werden. Die Qualität Ihrer Entscheidungen und derjenigen, die in dem Netzwerk getroffen werden, bestimmen die Qualität der Krisenbewältigung.

Werden mangelhafte Krisenbewältigungen im Rückblick analysiert, so erkennt man folgende fundamentale Fehler:

- Entscheidungen der politisch verantwortlichen Führungskraft wurden vor Ort nicht umgesetzt,
- die politisch verantwortliche Führungskraft hat für sich entschieden, keine Entscheidungen zu treffen,
- die politisch verantwortliche Führungskraft hat entschieden, nichts zu unternehmen (vgl. Ahrtalflut 2021).

Die Qualität der Krisenreaktion hängt nicht im Wesentlichen von den Führungskräften auf den obersten Ebenen oder einer erfolgreichen Planung und Kontrolle auf diesen Ebenen ab, sondern vielmehr von einem hohen Maß an Improvisation auf allen

Ebenen (taktischen, operativen, strategischen) der Krisenreaktion. Eine effektive Krisenreaktion kann nicht erzwungen werden, sie ist vielmehr ein sich »natürlich« entwickelnder Prozess der harmonisierten Tätigkeiten von gelernten und ungelernten Krisenmanagern.

Sie als politisch verantwortliche Führungskraft sind also nicht nur als Entscheider gefragt. Sie sind vielmehr als Koordinator, Kultivierer des Umfelds, Vermittler, Unterstützer, moralische Stütze, Motivator, Wächter über die Einhaltung der Regeln zur Zusammenarbeit usw. gefragt (▶ Kapitel 2.3). Gegenseitiges Vertrauen und Transparenz sind wichtige Grundlagen der Führung von mitdenkenden Menschen. Ihre unterstellten Führungskräfte müssen verstehen, warum Sie welche Entscheidung getroffen haben.

## 3.2 Natürliches Wachsen der Krisenabwehrorganisation – aus dem Chaos in die geregelte Gefahrenabwehr

Eine wesentliche Aufgabe für jeden Einsatzleiter in der Chaosphase ist es, ein Führungssystem zu implementieren. Dabei sollte sie beachten, dass jedes Führungssystem, dass nicht im Vorfeld implementiert ist (wie z. B. bei großen Sportevents), »natürlich« von unten beginnt, aufzuwachsen. Im Krisenmanagement und Bevölkerungsschutz werden i. d. R. keine stehenden Führungsstrukturen vorgehalten. Dies ist ein wesentlicher Unterschied zum Militär. Beachten Sie dies nicht und versuchen Sie ein spezifisches Führungssystem top-down ohne Berücksichtigung des entgegengesetzten Wachsens durchzusetzen, wird es an den Schnittstellen zu Brüchen und Reibungsverlusten kommen, die die gesamte Krisenbewältigung stark beeinträchtigen, wenn nicht gar unmöglich machen können.

Um das natürliche Wachstum einer Krisenabwehrorganisation besser verstehen zu können, sollten zunächst die vier Phasen einer Krise (▶ Bild 4) betrachtet werden:
1. **Pre-Krisenmanagement-Phase:**
Ein Ereignis ist eingetreten und die staatliche Reaktion ist noch nicht erfolgt. Betroffene und vor Ort Anwesende beginnen die Folgen der Krise zu lindern. Es wird noch kein offizielles Führungssystem genutzt. Allerdings etabliert sich ein natürliches: Vor Ort geraten Personen in die Funktion der Führungskraft. Die anderen folgen diesen »natürlichen Führungskräften«, weil sie ihnen vertrauen oder weil sie (ggf. nur

anscheinend) erfolgreiche Gegenmaßnahmen ausführen. Führen diese Führungskräfte erfolgreich, werden sie auch in der weiteren Krisenreaktion das Vertrauen der Menschen vor Ort besitzen. Sie als politisch verantwortliche Führungskraft sollten diese Personen nutzen und unbedingt in Ihre Krisenorganisation integrieren. Andernfalls laufen Sie Gefahr, dass sich neben Ihrer offiziellen Krisenorganisation eine zweite inoffizielle ausbildet (vgl. die vielen Berichte zur Ahrtalflut).

2. **Punktlagen-Phase:**
   Gerade bei Schockereignissen beginnen die ersteintreffenden Einsatzkräfte in der Regel unabhängig voneinander mit der Krisenbewältigung (z. B. ersteintreffende Rettungswagen nach einem Eisenbahnunfall). Es entstehen so eine Vielzahl von Punktlagen, die unabhängig voneinander geführt werden.

3. **Flächenlagen-Phase:**
   Höhere Führungskräfte führen die einzelnen Punktlagen in einem Bereich zusammen und führen diese z. B. mittels einer Technischen Einsatzleitung (TEL).

4. **Katastrophenlage:**
   Die Stäbe der politisch verantwortlichen Führungskraft sind arbeitsfähig und übernehmen die Gesamtleitung.

Je nach Ereignis tritt die ein oder andere Phase nicht auf. So sind einige Schockereignisse bewältigt, bevor die Stäbe einsatzfähig sind. Umgekehrt kann es vorkommen, dass es zu keiner Punktlagen- oder Flächenlagen-Phase kommt (z. B. bei einer Pandemie). Aber es wird immer eine Pre-Krisenmanagement-Phase geben, da »unorganisierte« Nachbarschaftshilfe (oder Hilfe in unabhängigen Krankenhäusern) immer stattfindet. Sollten die Führungskräfte vor Ort nicht die Zeit finden, ein Führungssystem aufzubauen, so muss dieses von oben mittels der nachrückenden Kräfte »ins Feld« getragen werden.

Nachfolgend werden die Aufgaben einer politisch verantwortlichen Führungskraft in den einzelnen Phasen erläutert:
- **Pre-Krisenmanagement-Phase:**
    - Präsenz zeigen.
    - Krisenmanagement-Organisation aktivieren lassen.
    - Informationen aktiv einholen.
    - Ansprache an die Betroffenen: »Hilfe ist auf dem Weg!«

# 3 Koordinieren und Kultivieren statt Führen und Leiten

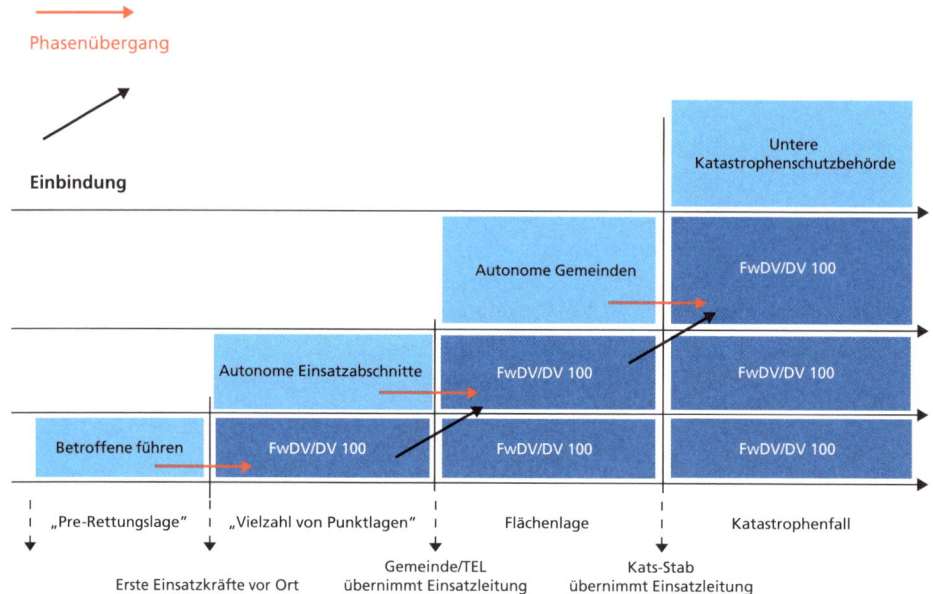

**Bild 4:** *Phasenmodell des Führungsmodells im Bevölkerungsschutz*

- **Punktlagen-Phase:**
  - Empathie zeigen: »Ich sehe Eure Not!«
  - Zuversicht und Optimismus vermitteln: »Wir schaffen das!«
  - Einsatzkräfte möglichst weit verteilt einsetzen, damit jeder vor Ort sieht: »Wir bekommen auch Hilfe!«
  - Führungssystem etablieren lassen.
- **Flächenlagen-Phase:**
  - Sich um die Betroffenen und Hilfskräfte vor Ort kümmern.
  - Ihre Stäbe etablieren lassen.
  - Abstimmung mit anderen Akteuren (Nachbarkreis, Polizei, …).
- **Katastrophenlage:**
  - Krisenmanagement leiten.
  - Sich um die Betroffenen und Hilfskräfte vor Ort kümmern.
  - Verstärkt um Öffentlichkeitsarbeit kümmern.

Der Übergang von einer Phase zu einer anderen bedarf Zeit und Ressourcen. Deshalb sollten Führungssysteme nur so weit eingeführt werden, wie es unbedingt für den Einsatzerfolg und für die Koordinierung der notwendigen Maßnahmen erforderlich ist. Durch das Führen mit Auftrag kann der Koordinierungsbedarf minimiert werden. Bedenken Sie, dass die Eigeninitiative von Ihnen unterstellten Führungskräften Vorteile in Raum und Zeit erbringen. Ihre Aufgabe als Führungskraft ist es nicht, »buchstabengetreue«, »lehrbuchmäßige« Führungssysteme durchzusetzen. Ihre Aufgabe ist es, das Leben der durch die Krise Betroffenen zu verbessern. Ihr Führungssystem sollte so schlank wie möglich sein! Bringen Sie möglichst viele Einsatzkräfte auf die Straße und zu den betroffenen Menschen.

Bei der Etablierung eines Führungssystems ist die Zeit entscheidend: Wenn eine Krise vor dem vollständigen Aufbau des Führungssystems behoben ist, muss man keine Energie mehr für deren Aufbau aufwenden. Deshalb sollten Sie als politisch verantwortliche Führungskraft ungefähr wissen, wie lange es benötigt, bis Ihre Stäbe einsatzbereit sind und wie lange die Krise dauern wird. Macht eine Aktivierung keinen Sinn, führen Sie die Krisenbewältigung mit einem kleinen Kernteam, zu dem in jedem Fall ein persönlicher Referent und jemand von der Krisenkommunikation gehören sollte.

## 3.3 Zentralisiertes oder dezentralisiertes Krisenmanagement

*»Eine Führungskraft ist am besten, wenn die Menschen kaum wissen, dass sie existiert, nicht so gut, wenn die Menschen gehorchen und sie feiern; am schlechtesten, wenn sie sie verachten.« (nach Lao Tzu, 630 b. c.)*

Grundsätzlich können Sie als Führungskraft Ihr Führungssystem zentralisieren, wenn Sie schnell und akkurat Zugang zu den relevanten Informationen haben und Ihre Anweisungen die Einsatzkräfte vor Ort hinreichend schnell erreichen. Andernfalls sollten Sie ein dezentrales System bevorzugen. Da gerade die Gewinnung von Informationen in verschiedenen Bereichen und Phasen der Krisenbewältigung sehr unterschiedlich sein kann und sich dazu noch ständig verändert, kann es sinnvoll sein, flexibel zwischen einem eher zentralisierten und einem eher dezentralisierten Krisenmanagement zu wechseln. Ihr Einfluss auf das Führungssystem ist allerdings beschränkt: Führungsautorität – und auch Ressourcen – werden dem Fluss der Information folgen (Leonhard 1994). Aufgrund der modernen Informationstechnologie mit ihrer serviceorientierten Architektur werden sich immer häufiger dezentrale Führungsstrukturen in Krisen etablieren (betrachten Sie zum Beispiel auch die Entwicklung der Spontanhelfenden).

Die Terroranschläge auf das New Yorker World Trade Center vom 11. September 2001 zeigen, wie zentralisierte Führungsvorgänge die Krisenbewältigung verlangsamen und wie Führungskräfte niedriger Ränge die Initiative ergreifen und das Führungsvakuum füllen, um die Krisenbewältigung in einer notwendigen Geschwindigkeit auf dem richtigen Weg zu halten. Boin et al. (2017) kommen zu dem Schluss, dass zentralisierte Führung ihre größte Anziehungskraft ausstrahlt, wenn Krisenreaktionspläne aufgestellt werden – oder in anderen Worten, wenn keine »Live-Krise« zu bewältigen ist. Nach vielen Einsätzen und Übungen äußern die Einsatzkräfte vor Ort, dass die Entscheidungen der Stäbe entweder zu spät eintrafen oder nicht umsetzbar waren (▶ Kapitel 7.1). In dynamischen Krisen kommt man um Dezentralisierung nicht herum. So besitzen »High Reliability Organisations« ein dezentrales Führungssystem als eines ihrer Charakteristika. Um dezentral führen zu können bedarf es zwei Voraussetzungen:

- Allen Mitarbeitern, die in die Krisenreaktion involviert sind, sind die zentralen Werte der Organisation bekannt (▶ Kapitel 2.4).
- Es sind gut ausgebildete und dadurch selbstbewusste, eigenständige Mitarbeiter auf allen Ebenen der Krisenreaktionsorganisation vorhanden.

Freiheit und Kreativität geben die Möglichkeit, unterschiedliche Lösungen, die auf die lokalen Bedürfnisse zugeschnitten sind, zu nutzen. Pläne, die weit weg von den betroffenen Menschen entwickelt werden, passen zu den vielen unterschiedlichen Situationen vor Ort in der Regel nicht vollumfänglich. Bessere Ergebnisse werden erzielt, wenn gezielt auf die jeweiligen lokalen Bedürfnisse zugeschnittene, dezentrale Pläne erstellt werden. Funktioniert das Informationsmanagement, kann voneinander gelernt werden. Die Best Practices an die örtlichen Verhältnisse zu adaptieren ist erfolgsversprechender als der allumfassende Generalplan. Gerade auch im militärischen Bereich wird diskutiert, situationsbedingt eine eher zentralisierte oder mehr dezentralisierte Führung zu nutzen (vgl. z. B. Huber et al. 2013).

## 3.4 Führen mit Auftrag – das A und O eines erfolgreichen Krisenmanagements

Wenn es stimmt, dass gute Entscheidungsfindung speziell unter Stress und großem Druck von der Erfahrung abhängig ist, dann sollten Sie als politisch verantwortliche Führungskraft mit Ihren Stäben zusammen die anstehenden Aufgaben so aufteilen, dass sie möglichst den Alltagserfahrungen Ihrer unterstellten Führungskräfte und Berater entsprechen. Dann beschäftigen sich letztere mit ihnen bekannten Teilproblemen. Ihre Aufgabe ist dann »nur noch« aus den Teilergebnissen die Gesamtgefahrenabwehr zusammenzufügen.

**Merke:**
Achten Sie beim Delegieren darauf, niemanden zu überfordern. Erfolg schafft Selbstvertrauen und letzteres erzeugt größere Fähigkeiten.

Durch das Führen mit Auftrag erhalten Sie Zeit, sich den für Ihre Führungsebene wichtigen Aufgaben widmen zu können (▶ Bild 5).

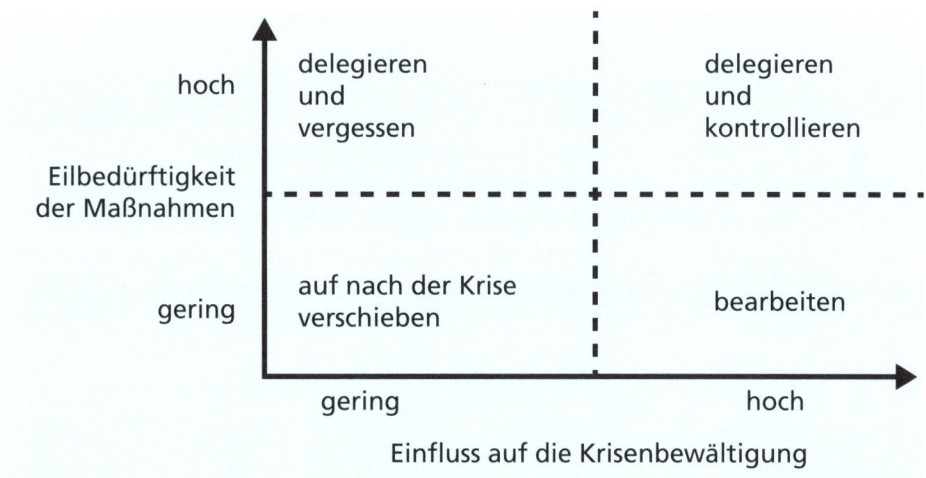

**Bild 5:** *Aufgabenwahrnehmung entsprechend der Wichtigkeit und Eilbedürftigkeit*

Dies sind die Aufgaben, die einen großen Einfluss auf die Krisenbewältigung haben, aber deren Umsetzung zumindest so unzeitkritisch ist, dass Sie noch Einfluss darauf

# 3 Koordinieren und Kultivieren statt Führen und Leiten

nehmen können. Somit muss die Warnung und Räumung von Menschen aus einem Gefährdungsgebiet häufig in die Zuständigkeit der operativ-taktischen Führungskräfte fallen, während die Unterbringung und Verpflegung der evakuierten Personen durch die administrativ-organisatorischen Führungsgremien wahrgenommen wird. Aufgaben, die schneller als Ihre Reaktionszeit (▶ Kapitel 7.1) umgesetzt werden müssen, sind zu delegieren; die wichtigen davon zu kontrollieren und die unwichtigen können Sie getrost vergessen. Aufgaben, die noch nach der Krise bearbeitet werden können, sollten auch erst dann bearbeitet werden.

Beim Führen mit Auftrag erhält jede unterstellte Organisation ihre eigene, klar abgegrenzte Aufgabe, die sie in Ihrem Auftrag ausführt, und deren Führungskräfte über ein Höchstmaß an Selbständigkeit und Eigenverantwortung verfügen. Die vorgesetzte Führungskraft gibt lediglich das Ziel vor, nicht den Weg, wie dieses erreicht werden soll. Der bewusst gewährte Freiraum muss von jeder unterstellten Führungskraft entsprechend ausgefüllt werden. Ein Einsatz wird nicht kommandiert, sondern disponiert und das Umfeld für die unterstellten Einsatzkräfte wird so kultiviert, dass diese optimal arbeiten können. Beim Führen mit Auftrag muss die vorgesetzte Führungskraft ihren unterstellten Einsatzkräften einen Vertrauensvorschuss geben. Sie muss bereit dazu sein, das Auftreten von Fehlern in der Durchführung hinzunehmen.

Aufgaben können Sie delegieren, die Verantwortung allerdings nicht. Deshalb sollten Sie folgende Aufgaben persönlich wahrnehmen:

- **Vor dem Einsatz:**
  - Auswahl der richtigen Führungskräfte und Stabsmitglieder,
  - Entwicklung von gegenseitigem Vertrauen,
  - Aus- und Fortbildung aller Akteure.
- **Während des Einsatzes: Achten Sie darauf, dass**
  - verbindliche, robuste Kurzzeitpläne, aber flexible Langzeitpläne entwickelt werden.
  - Vermeidungs- und Alternativpläne für die wichtigsten Hindernisse/Risiken des gewählten Planes entwickelt werden.
  - lernzentrierte Einsatzkontrollen durchgeführt werden.
  - das Vorwärtsmomentum, um vor die Lage zu kommen bzw. zu bleiben, aktiv gefördert wird.

## 3.4 Führen mit Auftrag

**Aufgabenverteilung zwischen den einzelnen Führungsebenen:**
- Politisch verantwortliche Führungskräfte sind diejenigen, die »denken«: Sie legen die strategischen Ziele und die Rahmenbedingungen für ihr Erreichen fest.
- Amtsleiter sind diejenigen, die »steuern«: Sie führen und leiten die Krisenbewältigung.
- Mitarbeiter der Verwaltung sowie Einsatzkräfte sind diejenigen, die »agieren«: Sie führen die vielen Tätigkeiten aus, die vor Ort erledigt werden müssen, um die Folgen der Krise für die Betroffenen zu lindern.

Können die unterstellten Mitarbeiter die ihnen übertragenden Aufgaben nicht wahrnehmen, sollten Sie diese ersetzen. Sollten Sie keine geeigneten Mitarbeiter haben, haben sie eine falsche Personalauswahl getroffen, nicht auf die Aus- und Fortbildung geachtet oder sich für einen zu schwierigen Plan entschieden.

**Auswahl des richtigen Personals**
Der Stab bereitet für Sie die Entscheidungen vor. Er ist Ihr wichtigstes Werkzeug. Und Stabsarbeit ist Teamarbeit. Deshalb sollten die Stabsmitglieder neben fachlicher Kompetenz auch Teamfähigkeit besitzen. Obwohl das Stabspersonal für den Einsatzleiter entscheidend ist, werden letztere eher selten an der Personalauswahl beteiligt. Stellenbeschreibungen oder Verantwortliche der Hilfsorganisationen oder des THW entscheiden über die Funktionsbesetzung des Stabes. Dies ist vergleichbar mit der Situation eines Trainers, dem die Mannschaftsaufstellung durch den Sponsor diktiert wird. Solch ein Verfahren führt häufig zu nicht optimalen Leistungen. Sie sollten versuchen, dies zu ändern. Einsatzleiter und Leiter eines Stabes sind an der Personalauswahl zu beteiligen. Da im Katastrophenschutz – anders als beim Militär – keine festen Stäbe existieren, sondern die Stäbe im Einsatzfall aus den gerade zur Verfügung stehenden Personen gebildet werden, sollten alle benannten Einsatzleiter an der Personalauswahl beteiligt werden. Eine wesentliche Eigenschaft, über die die Stabsmitglieder verfügen sollten, ist Flexibilität. Starres Festhalten an Standard Operation Procedures (SOPs) und hergebrachten Grundsätzen führen häufig zum Versagen.

Als positives Beispiel wird immer wieder der damalige Innensenator von Hamburg Helmut Schmidt herangezogen, der bei der Sturmflut 1962 gegen eine Reihe von Vorschriften verstieß. Ohne Mitstreiter, die ebenfalls die Notwendigkeit der Verstöße sahen und gewillt waren, diese durchzuführen, wäre Schmidt gescheitert. Auch eine Offenheit gegenüber unorthodoxen, neuen, noch nicht erprobten Verfahren kann entscheidend sein. Warum nicht Spontanhelfende einbinden, die Hilfe eines Virtual

Operation Support Teams (VOST) anfordern oder eine Option in der Internet-Crowd diskutieren?

**Entwicklung von Vertrauen**

Nur wenn Sie anderen Personen Vertrauen schenken, werden diese auch Ihnen vertrauen. Vertrauen aufzubauen, fällt in Ihre Verantwortung. Hilfreich ist es, wenn Sie grundsätzlich allen Menschen bis zu dem Zeitpunkt vertrauen, an dem diese nachgewiesen haben, dass sie Ihr Vertrauen nicht verdienen. Dann sollten Sie diese Personen auch aus dem Krisenmanagementsystem entlassen. Die umgekehrte Einstellung – warten, bis jemand Ihr Vertrauen verdient hat – führt im Einsatzfall aufgrund der kurzen Zeit, mit der man miteinander arbeitet, zu keinem Erfolg.

Sie sollten zu möglichst vielen Stabsmitgliedern schon vor dem Einsatz ein Vertrauensverhältnis entwickelt haben. Am besten können Sie dies durch gemeinsame Übungen erreichen. Besonders geeignet sind mehrtägige Übungen außerhalb des eigenen Zuständigkeitsbereiches, wenn Sie die Gelegenheit nutzen, um auch außerhalb des Stabsbetriebes, Zeit mit Ihren Stabsmitgliedern zu verbringen. Dass Sie alle Ihre Stabsmitglieder als Menschen respektieren, sollte eine Selbstverständlichkeit sein.

Als politisch verantwortliche Führungskraft sollten Sie sich nicht so sehr auf Organisationshandbücher und Krisenreaktionspläne abstützen, sondern auf die Gehirne Ihrer unterstellten Führungskräfte und deren Engagement vertrauen. Diese müssen aktiv beteiligt werden. Diese müssen aber auch die Verantwortung dafür übernehmen, Informationen, Feedback und Empfehlungen an ihre jeweilige Führungskraft weiterzugeben und nicht nur auf Entscheidungen von oben warten.

## 3.5 Vertrauen versus Kontrolle

Das Lenin zugeschriebene Zitat »Vertrauen ist gut – Kontrolle ist besser!« wird von vielen Führungskräften ohne Reflexion als ein erfolgsversprechender Führungsgrundsatz angewendet. Folge davon ist ein Kontrollsystem, das sowohl Geführte wie Führungskräfte bei ihrer eigentlichen Aufgabe, den Alltag der Betroffenen zu bewahren, stark behindert. Jede Minute, die für kontrollieren bzw. kontrolliert werden, verwendet wird, kann nicht zur direkten Hilfe genutzt werden. Moderne Führungsansätze empfehlen, mehr zu vertrauen als zu kontrollieren.

Selbst wenn man als Führungskraft nur seiner Fürsorgepflicht nachkommen möchte, kann es vorkommen, dass die zu Führenden dies als Kontrolle wahrnehmen. Wie fassen Sie es auf, wenn Ihnen Ihre vorgesetzte Führungskraft über die Schulter

## 3.5 Vertrauen versus Kontrolle

schaut und fragt: »Na, wie läuft es denn so?« oder »Sollten wir nicht lieber dies so oder so machen?« Es ist nicht leicht, sich als Führungskraft zurückzunehmen, seinen Mitarbeitern zu vertrauen und nicht zu kontrollieren. Aber nur so finden Sie Zeit, Ihre originären Aufgaben (Denken und Entscheiden) wahrzunehmen. Das Misstrauen gegenüber unterstellten Führungskräften kann auf unterschiedlichen Gründen beruhen, z. B.:

- Überschätzung der eigenen Fähigkeiten: »Ich weiß' eh alles besser!«
- Narzissmus: »Jeder muss sehen, wie wichtig ich für die Bewältigung der Krise bin!«
- Mangelnde Kenntnisse der Fähigkeiten und des Charakters der unterstellten Führungskräfte: »Können die denn ihre Aufgaben auch wirklich bewältigen?« bzw. »Will der mir vielleicht schaden?«
- Mangelndes Selbstvertrauen: »Hoffentlich glauben die anderen nicht, dass ich keine Idee habe, wie wir die Krise bewältigen können!«
- Mangelnde Kenntnis der Erlasslage: Die FwDV/DV 100 fordert das »Führen mit Auftrag« und ist in allen Bundesländern als Führungsvorschrift eingeführt.

Einige der eben aufgeführten Defizite kann eine Führungskraft durch Aus- und Fortbildung beheben. Andere können nur durch das Entbinden von der Aufgabe als Führungskraft behoben werden.

**Merke:**

Um Vertrauen zwischen Ihnen und Ihrem Team aufzubauen, sollten Sie Folgendes beherzigen:
- Behandeln Sie Ihre Mitarbeiter wie verantwortungsbewusste Erwachsene.
- Erkennen Sie die Erfolge der Mitarbeiter unmittelbar an.
- Führen Sie mit Auftrag: Geben Sie konkrete, herausfordernde Ziele vor – vage oder nicht erreichbare Ziele belasten das Vertrauen in Ihre Person. Und geben Sie nur die grobe Richtung vor, die Sie beabsichtigen zu gehen.
- Ermöglichen Sie, dass Ihre Mitarbeiter möglichst selbst ihre Aufgaben auswählen können.
- Streuen Sie die Ihnen vorliegenden Informationen möglichst breit, besonders über Ihre Ziele und Ihre Strategie.
- Bilden Sie persönliche Beziehungen zu Ihren Mitarbeitern.
- Nutzen Sie das einschlägige Lehrgangsangebot, damit sich alle im Krisenmanagement verbessern können. Unterstützen Sie jeden bei diesem Bestreben.

Die Leistung eines Stabes – besonders in einem sich schnell verändernden Umfeld – hängt vom Verhalten eines jeden Stabsmitglieds ab. Dieser menschliche Faktor wird häufig in den formalen Ansätzen der Führungssysteme unterschätzt (z. B. McNulty, 2016). Mangelndes Vertrauen und übersteigertes Kontrollbedürfnis zerstört die Grundlage menschlicher Beziehungen (Straubhaar, 2006). Und S. R. Reynolds empfiehlt: »Bleib positiv, lächele, und sei zuversichtlich.« (Reynolds, 2016), denn sowohl positives als auch negatives Verhalten ist ansteckend.

Entsprechend dem Modell von Hurley (2017) basiert Vertrauen auf zehn Faktoren:

**1. Risikotoleranz**
Vorgesetzte wie auch unterstellte Personen mit einer niedrigen Risikotoleranz verhindern die Bildung von Vertrauen. Die einen kontrollieren ständig und die anderen fragen vor jeder Entscheidung nach, da sie sich nicht einmal selbst vertrauen. Die Folge eines solchen Verhaltens ist, dass Arbeiten mehrfach durchgeführt werden müssen, was in hochdynamischen Krisen zum Scheitern führen wird.

**2. Grad der Ausgeglichenheit**
Unausgeglichene Personen sehen überall Bedrohungen. Sie sind nicht in der Lage zu delegieren und verlieren sich im Mikromanagement. Sie sind misstrauisch und haben Angst, dass bei jedem kleinen Fehler ihre Reputation gefährdet ist. Ihre Angst kann ansteckend sein und somit die Arbeitsleistung aller Führungskräfte vermindern.

**3. Relative Macht**
Wichtig ist nicht die »Hard-Power«, sondern die »Soft-Power« (Nye, 2008). Nach Nye bestehen drei Möglichkeiten Hard-Power gegenüber anderen Menschen auszuüben: mittels Drohungen (z. B. weil man Vorgesetzter ist), mittels Geldes (zum Beispiel durch Bestechung) oder mittels Überzeugung (zum Beispiel durch Fachwissen). Wenden Sie hingegen Soft-Power an, so werden Sie die Köpfe und Herzen der Ihnen unterstellten Personen gewinnen. Besonders Spontanhelfende können Sie nicht aufgrund Ihrer Stellung und etwaigen Sanktionsdrohungen führen. Aber auch die Ihnen unterstellten Führungskräfte trauen Ihnen nicht, nur weil Sie ihr Vorgesetzter sind.

**4. Sicherheitsgefühl**
Fühlen sich Menschen unsicher, so fällt es ihnen schwerer, anderen zu vertrauen. Deshalb ist es wichtig, dass Sie ein allgemeines Sicherheitsgefühl erzeugen. Dazu sollten Sie persönlich und als Behörde Präsenz zeigen. Uniformierte Personen vor Ort sind zwar für viele Menschen ein beruhigender Faktor, erzeugen aber bei einigen

Traumatisierten auch Angstgefühle (z. B. bei Flüchtlingen). Situationsangepasstes und agiles Handeln ist hier entscheidend.

### 5. Persönliche Parallelen
Menschen vertrauen in der Regel den Personen, die sie (vermeintlich) gut kennen. Dies sind Personen, die über eine Vielzahl von persönlichen Parallelen aufweisen. Als politisch verantwortliche Führungskraft müssen Sie solche Parallelen erzeugen. Sie müssen ein Wir-Gefühl erzeugen, wie bspw. John F. Kennedy am 26. Juni 1963 vor dem Rathaus Schöneberg »Ich bin ein Berliner!«.

### 6. Übereinstimmung der Interessen
Menschen, die das gleiche Ziel wie wir verfolgen, vertrauen wir eher als anderen. Das offensichtliche Ziel, die Situation der Betroffenen zu verbessern, wird bei den sehr unterschiedlichen Akteuren von einer Vielzahl von Eigeninteressen umrahmt. Als politisch verantwortliche Führungskraft sollten Sie durch Transparenz bei Ihrer Entscheidungsfindung eigene Subziele offenlegen. So reduzieren Sie etwaiges Misstrauen gegenüber dem Staat, Politikern, »Denen da oben« etc.

### 7. Wohlwollende Fürsorge
Vertrauen können Sie nur schwer aufbauen, wenn Sie zu sehr selbstzentriert sind. Erst kommt das Wohl der Betroffenen, dann das der Einsatzkräfte und zum Schluss Ihr eigenes. Stellen Sie sich hinter Ihre unterstellten Führungskräfte, stärken Sie ihnen den Rücken und sie werden es Ihnen mit Vertrauen vergüten. Dabei sollten Sie aber nicht selbstlos werden.

### 8. Fähigkeitsevaluation
Überzeugen Sie sich regelmäßig von den Fähigkeiten Ihrer unterstellten Führungskräfte und aller beteiligter Akteure. Wenn Sie von deren Fähigkeiten überzeugt sind, fällt es Ihnen leichter, ihnen zu vertrauen und Aufgaben zu delegieren.

### 9. Integrität
Ihnen wird mehr vertraut, wenn Ihr Verhalten voraussagbar ist. Deshalb ist es essenziell, dass Sie nichts versprechen, was Sie hinterher nicht einhalten können.

### 10. Kommunikation
Bei allen vorherigen Punkten ist es wichtig, dass Sie entsprechend kommunizieren: offen und ehrlich.

# 3 Koordinieren und Kultivieren statt Führen und Leiten

Beachten Sie immer, dass es viel Zeit bedarf, Vertrauen aufzubauen aber nur den Bruchteil einer Sekunde, um es zu zerstören.

**Tabelle 1:** *Maßnahmen zum Aufbau von Vertrauen*

| Praktische Maßnahmen, um Vertrauen aufzubauen und zu erhalten | |
|---|---|
| 1. Risikotoleranz | <ul><li>Erklären Sie ausführlich Optionen und Risiken.</li><li>Evaluieren Sie Prozesse und Ergebnisse getrennt: Erkennen Sie exzellente Arbeit unabhängig vom Ergebnis an.</li><li>Erzeugen Sie eine Art von Sicherheitsnetz.</li></ul> |
| 2. Ausgeglichenheit | <ul><li>Seien Sie geduldig: Bei einigen Menschen benötigen Sie mehr Zeit, Vertrauen aufzubauen.</li><li>Verbessern Sie das Selbstvertrauen Ihrer Mitarbeiter: Erkennen Sie Erfolge an und coachen Sie bei Misserfolgen.</li></ul> |
| 3. Relative Macht | <ul><li>Bieten Sie möglichst viele Alternativen an: Vermeiden Sie alternativlose Lösungen und Anordnungen.</li><li>Erläutern Sie Ihre Entscheidungen: Betonen Sie besonders, warum diese notwendig sind, um das gemeinsame Ziel zu erreichen.</li></ul> |
| 4. Sicherheitsgefühl | <ul><li>Suchen Sie nach Wegen, das Risiko für jeden Akteur zu minimieren.</li><li>Investieren Sie Zeit, um das Sicherheitsgefühl bei jedem Akteur zu erhöhen.</li></ul> |
| 5. Persönliche Parallelen | <ul><li>Nutzen Sie eher das Wort »Wir« als das Wort »Ich«.</li><li>Betonen Sie Gemeinsamkeiten wie Werte, Wohnort etc.</li></ul> |
| 6. Übereinstimmung der Interessen | <ul><li>Seien Sie sich bewusst, wessen Interessen Sie verfolgen und wessen nicht.</li><li>Versuchen Sie, die Interessen möglichst vieler Akteure zu verfolgen.</li><li>Konzentrieren Sie sich auf verbindende Strategien, Visionen und Ziele.</li></ul> |

## 3.6 Netzwerk statt Hierarchie

**Tabelle 1:** *Maßnahmen zum Aufbau von Vertrauen – Fortsetzung*

| Praktische Maßnahmen, um Vertrauen aufzubauen und zu erhalten | |
|---|---|
| 7. Wohlwollende Fürsorge | • Konzentrieren Sie sich auf Maßnahmen, die Ihre Fürsorge für die unterschiedlichen Akteure verdeutlichen.<br>• Verfolgen Sie die Interessen anderer Akteure, selbst wenn Sie persönlich dadurch einen Nachteil haben.<br>• Seien Sie fair gegenüber jedem Akteur. |
| 8. Fähigkeitsevaluation | • Zeigen Sie Ihre Kompetenz und Ihre Inkompetenz.<br>• Zeigen Sie, dass Sie für die Felder Ihrer Inkompetenz Ratgeber beschäftigen oder diese Aufgabe an kompetente Personen delegieren. |
| 9. Integrität | • Versprechen Sie immer zu wenig und liefern Sie immer zu viel.<br>• Sollten Sie Ihre Versprechen einmal nicht einhalten können, erklären Sie dies ehrlich: Schieben Sie die Verantwortung nicht auf andere Personen ab.<br>• Beschreiben Sie die Werte, die Ihrem Handeln zugrunde liegen, damit ihr konsistentes Verhalten sichtbar wird und es nicht als sprunghaft erscheint. |
| 10. Kommunikation | • Erhöhen Sie stets die Intensität und die Aufrichtigkeit Ihrer Kommunikation.<br>• Bauen Sie ein persönliches Verhältnis zu möglichst allen Akteuren auf. |

## 3.6 Netzwerk statt Hierarchie – Führungssystem für hochdynamische und/oder komplexe Lagen

Koordinieren ist eine emphatische Aufgabe. Als politisch verantwortliche Führungskraft müssen Sie eine geordnete Zusammenarbeit und Kommunikation innerhalb und zwischen den verschiedensten Entitäten erzeugen und sicherstellen. Dazu bedarf es einer delikaten Wahl zwischen Ihrer Hard- und Soft-Power: die Zuweisung von Aufgaben und Verantwortlichkeiten und das Festlegen von Regeln der Zusammenarbeit. Manche Entitäten streben in den Hintergrund und möchten überwiegend eine unterstützende Rolle wahrnehmen, andere streben in die »Heldenrolle«. Ihr Netzwerk aus Netzwerken wird eine erhebliche, schwer zu durchschauende und noch schwerer zu koordinierende Komplexität aufweisen. Weder eine reine »Befehl-

Gehorsam-« noch eine reine »Jeder-Macht-Was-Er-Will-«Führungskultur wird in der heutigen Zeit zum Erfolg führen. Inwieweit die ein oder andere Art in der Vergangenheit zum Erfolg führte, ist mehr als fraglich.

> **Weiterführende Literatur zum Thema Führung und Führungspersönlichkeiten:**
> Zu den einzelnen Führungsarten:
> Alberts, D. S., Hayes, R. E.: The Power to the Edge: Command and Control in the Information Age, CCRP Publication Series, 2003.
> Beispiele von Führungspersönlichkeiten:
> McChrystal, S. et al.: Führung, Mythos und Realität, München, 2019.

Die Etablierung eines auf die spezielle Krise zugeschnittenen Führungssystems bedarf einer Menge – unter Umständen inakzeptabel langer – Zeit. Deshalb sollten Sie sich dem Optimum mittels »Trial-and-Error« nähern. Durch gezielte Anreize können Sie die Akteure dazu animieren, Teil Ihres Netzwerkes zu werden. Ein bedeutender Anreiz ist bei fast allen, dass koordinierte Zusammenarbeit den Betroffenen besser hilft, als wenn man gegeneinander arbeitet. Freiwilligkeit, Autonomie, Anpassung, Improvisation, schnelles Lernen und das Gelernte schnell umzusetzen, sind Werkzeuge, um ein effektives und effizientes Netzwerk aufzubauen und zu unterhalten (▶ Kapitel 5). Dabei werden Ihnen viele informelle Kanäle, Benimmregeln und bilaterale Abstimmungen behilflich sein. Auch gemeinsame Erfahrungen aus früheren Krisenreaktionen helfen bei der Etablierung des Netzwerkes. Diese machen es allerdings auch für Neue schwer, sich in dem Netzwerk wiederzufinden und entsprechend anerkannt zu werden. Als politisch verantwortliche Führungskraft sollten Sie darauf besonders achten.

Wenn Sie Ihr Netzwerk in der akuten Krisenphase mit der Fokussierung auf schnelle Ergebnisse erfolgreich etabliert haben, müssen Sie es für die mittel- und langfristige Krisenbewältigung umgestalten. Organisationen, die bisher im Rampenlicht standen, wie die Feuerwehren und Hilfsorganisationen, werden nun unwichtiger. Der Schwerpunkt verlagert sich nun auf andere Organisationen wie das Sozialamt oder die »Tafeln«. Dabei kann es dazu kommen, dass der bisherige operativ-taktische Einsatzleiter, der von anderen Amtsleitern bzw. Leitern von Organisationen unterstützt wurde, die operative Führung an letztere abgeben muss. Dies kann zu erheblichen Spannungen in Ihrem Netzwerk führen, die Kommunikationsflüsse unterbrechen, innere Streitigkeiten auslösen oder sogar zum Aufbrechen des Netzwerkes führen. Um dies zu verhindern, benötigen Sie ein weises und flexibles Krisenmanagement, das alle Akteure jederzeit einbindet und mitnimmt. Diese Umstrukturierung ist eine Frage des richtigen Timings. Obwohl Sie während der

## 3.6 Netzwerk statt Hierarchie

Chaosphase noch keine Regeln für die Zusammenarbeit im Netzwerk benötigen, sollten Sie hier schon die Regeln für die kommende Zusammenarbeit festlegen. Nach dem Festlegen und Kommunizieren dieser Regeln, müssen Sie auf deren Einhaltung achten. Andernfalls wird Ihr Netzwerk schnell auseinander und die Krisenreaktion zurück ins Chaos fallen.

**Merke:**

Zwingen Sie dem Krisenreaktionsnetzwerk niemals ein Führungssystem auf! In jeder Krise wird sich ein Führungssystem durch Top-Down- und Bottom-Up-Prozesse ausbilden.

Als politisch verantwortliche Führungskraft sollten Sie den Kontakt zu den Top-Führungskräften der beteiligten Akteure (Polizeipräsident, andere Landesbehörden oder auch betroffene Unternehmen) suchen und halten. Bi- und multilaterale »Rote Telefone« helfen in kritischen Situationen, in denen der Druck durch die eigentliche Krise und die Medien/Social Media erzeugt wird, das Netzwerk zusammenzuhalten. Sie sollten aber immer bedenken, dass sowohl jede Organisation wie auch jede Führungskraft ihre eigene Agenda verfolgt. So können die jeweiligen Führungskräfte Ihre Krisenreaktion sowohl unterstützen, aber auch – vermutlich nicht offen – behindern.

Entscheidend für ein erfolgreiches Netzwerk ist immer gegenseitiges Vertrauen (▶ Kapitel 3.5). Um Vertrauen aufzubauen, bedarf es viel Zeit, es wieder zu verlieren, geht allerdings sehr schnell. Und Vertrauen gibt es nicht zwischen Organisationen, sondern nur zwischen Menschen. Egal ob Sie ein funktionierendes Netzwerk aus Netzwerken aufgebaut haben oder nicht, eins bleibt immer: Sie als politisch gesamtverantwortliche Person sind für Erfolg oder Misserfolg verantwortlich, niemals ein Akteur Ihres Netzwerkes.

# 4 Krisenkoordination durch die politisch verantwortliche Führungskraft

## 4.1 Zur Zusammenarbeit mit Externen verdammt

Für Sie als politisch verantwortliche Führungskraft ist es wichtig, dass Ihre Entscheidungen auch vor Ort zum Wohle der Betroffenen umgesetzt werden. Deshalb sind Sie auf Organisationen innerhalb (z. B. Feuerwehr) und außerhalb (z. B. Polizei) Ihres Verantwortungsbereiches angewiesen. Nur wenn die verschiedenen Akteure der verschiedenen Netzwerke miteinander und nicht gegeneinander arbeiten, wird das Krisenmanagement als Ganzes erfolgreich sein. Zu jedem Problem, dem Sie als politisch verantwortliche Führungskraft zukünftig gegenüberstehen werden, existieren Experten. Ihre Aufgabe ist es, diese zu finden und sie zur Krisenbewältigung zu nutzen. Fragen Sie sich, welche Akteure planerisch zur Verfügung stehen und wer sonst noch von der Krise betroffen sein könnte. Dabei werden Sie nicht jeden Akteur, der Ihnen behilflich sein kann, in Ihr Gefahrenabwehrsystem einbinden können. Versuchen Sie deshalb auch erst gar nicht, eine einheitliche Führung zu etablieren. Konzentrieren Sie sich darauf, die Anstrengungen zur Krisenbewältigung der unterschiedlichen Akteure untereinander auszurichten und zu synchronisieren. Etablieren Sie daher ein robustes Kooperationsnetzwerk. Dies fällt Ihnen umso leichter, je mehr sich die einzelnen Akteure emotional anstatt rational zur Zusammenarbeit mit Ihnen entscheiden. Vertrauen ist dabei die wichtigste Ressource, die Sie benötigen. Halten Sie Informationen zurück und wird dies publik, so ist das Vertrauen schnell dahin. Transparenz ist extrem wichtig. Versuchen Sie gemeinsame Werte in den Vordergrund zu stellen. Im besten Fall schaffen Sie es, dass alle externen Akteure zu internen werden, dass Sie alle nichtstaatlichen Akteure mittels der Ernennung zu Verwaltungshelfern und dem Prinzip der »Führung durch Motivation« in eine einzige Krisenreaktionsorganisation einbinden können. Gelingt dies nicht, was bei »staatsfernen« Gruppierungen (z. B. Fridays for Future) vorkommen kann, so sollten Verhaltensregeln gegenseitig abgestimmt werden. Auch hier ist gegenseitiges Vertrauen enorm wichtig – an Absprachen sollte man sich verbindlich halten, auf beiden Seiten.

Die staatliche Gefahrenabwehrbehörde, an deren Spitze Sie als politisch verantwortliche Führungskraft stehen, sollte hier den ersten Schritt gehen. Sie sollten ein Vorbild sein. Gelingen solche Absprachen nicht, so sind die Aktivitäten der Externen zu monitoren, um Doppelarbeit zu vermeiden und die häufig defizitären Ressourcen optimal zum Nutzen der Betroffenen einzusetzen. Die Zusammenarbeit mit koope-

## 4.1 Zur Zusammenarbeit mit Externen verdammt

rationsunwilligen Personen ist nicht leicht, sie kann erhebliche, besonders mentale, Ressourcen binden. Bedenken Sie aber immer, was Sie verlieren, wenn Sie nicht mit diesen Personen zusammenarbeiten. In der Regel ist es mehr als Sie die Zusammenarbeit kostet (vgl. die Spontanhelfenden während der Ahrtalkatastrophe).

**Merke:**

Viele Organisationen, die auf freiwilliger Basis in Krisenreaktionen mitwirken, sind auf Spenden angewiesen. Um auf sich selbst und somit auf Spendenaktivitäten aufmerksam zu machen, ist eine wirksame Öffentlichkeitsarbeit während der Krise notwendig. Man sollte sich als politisch verantwortliche Führungskraft aber darüber im Klaren sein, dass es hier immer wieder zu Konflikten, Missgünsten oder Ähnlichem kommen kann. So erreichten bspw. die Postings eines Lohnunternehmers in der ersten Woche nach der Flut im Ahrtal 16 Millionen Menschen. Er gewann 180 000 neue Follower mit seinem Tun als Spontanhelfer. Unrühmlich sind die medialen Auseinandersetzungen, die darauf folgten: Dort wird von »Fluthelfer auf Besatzerkurs« und »Hetzkampagne«[2] gesprochen.

Oberstes Führungsprinzip ist es auch hier ein Team aus Teams oder ein Netzwerk aus Netzwerken zu bilden. Einer Gefahr sollten Sie sich stets bewusst sein: Fragen sie nach der Meinung, dem Urteil, der Lageeinschätzung Externer. Denn wenn Sie diese im Weiteren ignorieren, wird das Netzwerk aus Netzwerken schnell auseinanderbrechen. Dies wird zu Reibungsverlusten bei der Schadenabwehr führen und im schlechtesten Fall zusätzliche Menschenleben kosten.

**Merke:**
Behandele alle Akteure gleich – bevorteile niemanden.

Aufgabe der politisch verantwortlichen Führungskraft ist es, die Führungsorganisation laufend an die jeweilige, z. B. durch den Grad der Einbindung Externer, sich verändernden Situation anzupassen. Problematisch wird die Situation, wenn straf- bzw. privatrechtliche Ermittlungsverfahren nicht auszuschließen sind. Hier ist daran zu denken, das Externe nicht der Verschwiegenheit unterliegen. Dies verschärft die

---

2  https://www.t-online.de/nachrichten/deutschland/gesellschaft/id_100444362/hochwasser-im-ahrtal-influencer-wipperfuerth-muss-besatzer-artikel-dulden.html

Gefahr, die durch interne Whistleblower schon besteht. In diesem Zusammenhang soll auch darauf hingewiesen werden, dass Polizeibeamte gesetzlich verpflichtet sind, Ermittlungen aufzunehmen, wenn sie vermuten, dass eine Straftat vorliegt. Was auch für Verbindungsbeamte in den Gefahrenabwehrstäben des Bevölkerungsschutzes gilt.

Gerade in der Chaosphase, am Beginn nahezu jeder Krise, sind Sie nicht in der Lage, zentral zu führen. Deshalb sollten Sie sich darauf konzentrieren, die beteiligten Akteure (von den Betroffenen über Spontanhelfende und der Privatwirtschaft bis zu den staatlichen Akteuren) zu koordinieren und deren Umfeld so zu kultivieren, dass diese gut arbeiten können. Dabei sollten Sie jeweils beachten, dass sich eine Kooperation in Krisenreaktionen in der Regel nicht von allein einstellt. Es ist eine Ihrer wichtigsten Aufgaben als die »oberste politisch legitimierte Autorität« in Ihrem Zuständigkeitsbereich sicherzustellen, dass möglichst alle Akteure an einem Strang ziehen. Krisenplanungen allein sind kein adäquates Mittel, Kooperation sicherzustellen. Viel besser geeignet sind persönliches Kennen – entsprechend dem KKK-Motto der Bundesakademie für Sicherheitspolitik: »In Krisen Köpfe kennen«. Denn die Qualität des Krisenmanagements wird stark von den Vor-Krisen-Beziehungen der handelnden Akteure zueinander beeinflusst.

In realen Situationen wird eine Vielzahl der Krisenreaktionsmaßnahmen von Akteuren geleistet, die sich geografisch und/oder mental weit entfernt von Ihnen befinden. Sie agieren unabhängig in Netzwerken, in denen u. U. niemand wirklich führt (McChrystal et al., 2015). Koordination hat deshalb in zwei Richtungen zu erfolgen: vertikal zwischen Vorgesetzten und unterstellten Entitäten, d. h. Koordination im eigenen Zuständigkeitsbereich, sowie horizontal zwischen Entitäten, bei denen kein gegenseitiges Unterstellungsverhältnis besteht, d. h. Koordination mit Entitäten außerhalb des eigenen Zuständigkeitsbereiches.

Um wichtige Akteure zur Mitarbeit zu überzeugen, können folgende Punkte hilfreich sein:

- **Stehen Sie den Akteuren positiv gegenüber:** Menschen mögen Personen, die sie mögen. Suchen Sie Kontakt zu den Akteuren und sprechen Sie positiv über sie.
- **Schaffen Sie Glaubwürdigkeit:** Ihre eigene Glaubwürdigkeit speist sich aus zwei Quellen: Erfahrungen und Beziehungen.
- **Formulieren Sie gemeinsame Ziele:** Zeigen Sie Ihre Ziele auf, die auch vom Gegenüber geteilt werden (»Die Situation der Betroffenen verbessern«).

- **Unterstützen Sie Ihren Standpunkt mittels Emotionen:** Daten allein überzeugen keine Menschen.
- **Geben und Nehmen:** Bieten Sie den Akteuren, was diese sonst nicht bekommen (z. B. besondere Informationen).
- **Nutzen Sie allgemein anerkannte Vermittler:** Die Unterstützung von besonders respektierten Personen (ehemaligen Bürgermeistern, Kirchenvertretern, …) erleichtert die erste Kontaktaufnahme.

**Achtung:**
Sie müssen sich genau anschauen, mit wem Sie zusammenarbeiten wollen. Überprüfen Sie Organisationen, Vereine, Zusammenschlüsse, die Ihnen nicht bekannt sind. Es gibt durchaus Gruppierungen, mit welchen eine Zusammenarbeit aus verschiedensten Gründen nicht akzeptabel ist. So nutzten beispielsweise rechtsextreme Gruppierungen die Ahrtalflut zu Propagandazwecken (https://blog.zeit.de/stoerungsmelder/2021/07/29/falsche-freunde-in-der-flut_30898).

## 4.2 Grundlagen der Koordination unterschiedlicher Akteure

Eine Aufgabe für Sie als politisch verantwortliche Führungskraft ist es, dass alle Akteure, die an der Bewältigung der Krise beteiligt sind, untereinander abgestimmt und synchronisiert arbeiten.

**Mögliche Akteure in einer Krise, mit denen Sie als politisch verantwortliche Führungskraft zusammenarbeiten müssen:**
- eigene Verwaltung,
- Feuerwehr,
- Polizei,
- THW,
- Bundeswehr,
- Gemeinde- bzw. Stadtrat,
- Presse,
- Kirchen und Religionsgemeinschaften.

Die Abstimmung vor Ort sollte entsprechend dem Prinzip »Führen mit Auftrag« auch von den dort zuständigen Führungskräften erfolgen. Ihre Aufgabe ist es, die Arbeit der unterschiedlichen Führungsgremien zu synchronisieren. Beschränken Sie sich auf diese Tätigkeit, bekommen Sie Zeit zum Nachdenken. Sie können agieren, anstatt nur auf jede Situationsänderung zu reagieren und kommen vor die Lage.

**Merke:**
Vermitteln Sie allen Akteuren die Einsicht, dass wenn einer unter ihnen scheitern sollte, alle scheitern werden. Alle sind Partner – es gibt keine Konkurrenz!

Entsprechend der Zielsetzungen können zwei Führungsaufgaben unterschieden werden (▶ Kapitel 1.2):
- Planung der zukünftigen Maßnahmen zur Krisenbewältigung (Operational Design): Die zu erreichenden Ziele sind mittel- bis langfristig zu erreichen.
- Kontrolle und Nachsteuerung der derzeitigen Maßnahmen zur Krisenbewältigung (Operational Management): Die zu erreichenden Ziele sind kurzfristig zu erreichen.

Prinzipiell ist der Arbeitsablauf für beide Tätigkeiten und für alle Ebenen identisch. Nur die Zeithorizonte sind entsprechend unterschiedlich. Je näher das Führungsgremium organisatorisch »vor Ort« tätig ist, desto kürzer sind die planerischen Horizonte. Führungsgremien höherer Führungsebenen sind in der Regel weiter vom Ort der Umsetzung ihrer Entscheidungen entfernt (lange Melde- und Befehlswege), wodurch sie einen längeren planerischen Horizont benötigen. Die kürzeren Planungen werden bereits in den unterstellten Führungsgremien unternommen.
Der Führungsvorgang gliedert sich grob in:
- Informationsgewinnung (Lagemeldungen, Kontrolle, …),
- Planung der möglichen Handlungsoptionen,
- Entscheidung,
- Anordnen und Befehlsgebung.

Informationen zur Lagefeststellung fließen von drei »Richtungen« in ein Führungsgremium:
- von oben als Aufträge, Anweisungen, Befehle oder Unterrichtungen der vorgesetzten Führungsgremien,
- seitlich als Unterrichtungen von Führungsgremien anderer Akteure auf der gleichen Führungsebene,
- von unten als Lagemeldungen von unterstellten Führungsgremien.

## 4.2 Grundlagen der Koordination unterschiedlicher Akteure

Auf jeder Führungsebene sollte ein neuer Führungsvorgang mit den neuesten Informationen von oben und unten beginnen und mit Unterrichtungen und Befehlen enden (▶ Bild 6). Dies hat den Vorteil, dass die Informationen von den unterschiedlichen Einsatzorten zur gleichen Zeit verfasst werden und somit gut vergleichbar sind. Dies ist besonders bei dynamischen Lagen wichtig.

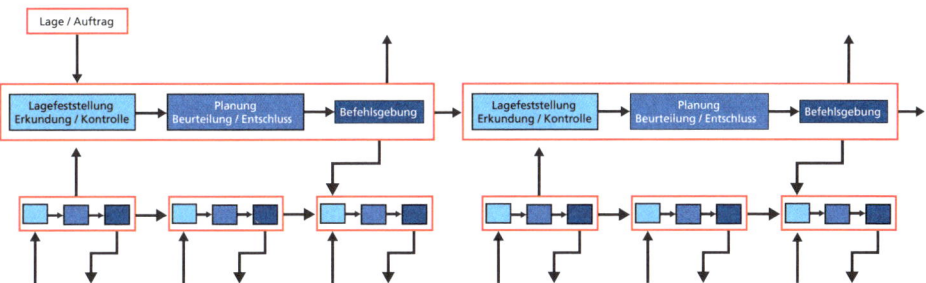

**Bild 6:** *Synchronisierte Stabsarbeit zweier Führungsebenen*

Synchronisiert man die Arbeit der unterschiedlichen Führungsgremien, so können diese in der Phase »Planung« ungestört arbeiten. Sie sollten Wert darauf legen, dass in dieser Phase bis auf wichtige Ad hoc-Meldungen keine Kommunikation zwischen den Führungsgremien stattfindet. Die heutigen Kommunikationsmöglichkeiten (z. B. Smartphones) verleiten dazu, dass einzelne Stabsmitglieder unterschiedlicher Führungsgremien miteinander direkt kommunizieren. Dies kann den Vorteil haben, dass die Planungen miteinander abgestimmt werden können. Aber es hat auf jeden Fall den Nachteil, dass eine Vielzahl von Kommunikationskanälen bestehen, auf denen verschiedene, teilweise sich widersprechende Informationen ausgetauscht werden, was die Bildung eines gemeinsamen Situationsbewusstseins und somit eine gemeinsame Planung der verschiedenen Stabsbereiche erschwert. Ganz lässt sich heute eine Unterbindung solcher »inoffiziellen« Kommunikationen nicht erreichen. Sie sollten aber darauf achten, dass auch diese Kommunikation in gewissen Zeitintervallen und am besten außerhalb des Stabsraumes stattfindet, um konzentriertes Arbeiten sicherzustellen. Eine neue Art der Führung, die diese Kommunikation nutzt, ist die Agile Führung (▶ Kapitel 7.3).

Sollten Sie ein Führungsintervall von 60 Minuten – sprich jede Stunde eine Lagebesprechung – vorsehen, so haben Ihre Stabsangehörigen für die konzentrierte und intensive Erarbeitung des Einsatzplanes etwas über eine halbe Stunde Zeit (▶ Tabelle 2).

# 4 Krisenkoordination durch die politisch verantwortliche Führungskraft

Tabelle 2: *Ablauf einer Lagebesprechung*

| Tätigkeit | Zeitansatz in Minuten |
|---|---|
| Auswertung der Informationen/Vorbereitung der Lagebesprechung | 10 |
| Lagevortrag | 5 |
| Entschluss | 2 |
| Befehlsgebung/Erstellen von Unterrichtungen | 5 |
| Einsatzgrobplanung | 10 |
| Einsatzfeinplanung | 28 |
| **Summe** | **60** |

Bei einer solchen Synchronisation der Arbeit der unterschiedlichen Führungsgremien bedeutet dies, dass Sie eine Stunde nach Erteilen eines Auftrages eine erste Rückmeldung über die Auswirkungen Ihrer Anweisungen erhalten. Dies bedarf einer gewissen Geduld, die Sie aber zugunsten der ungestörten Arbeit Ihrer unterstellten Führungskräfte aufbringen sollten. Bedenken Sie, deren Hauptaufgabe ist es, Probleme zu lösen, das Schicksal der Betroffenen zu lindern und nicht die Neugier der Vorgesetzten zu befriedigen. Das Führungsintervall eines administrativ-organisatorischen Stabes ist in der Regel deutlich länger. Während der Covid-19-Pandemie lag es anfänglich bei einem Tag, später bei einer Woche. Ist die Krisenbewältigung zwischen den verschiedenen Führungsgremien synchronisiert, so sollten auch alle anderen Aktivitäten wie z. B. Pressekonferenzen entsprechend in den Rhythmus eingefügt werden.

**Merke:**
Organisieren Sie Phasen der Selbstreflexion für alle Akteure.

Wie beschrieben, wird zwischen Operational Design und Operational Management unterschieden. Letzteres erfolgt während der Arbeitsphase der unterstellten Führungsebenen und somit letztendlich der Personen, die die konkreten Aufgaben vor Ort bewältigen. Sehr häufig wird dies während des Tages stattfinden. Sinnvoll ist es, während dieser Zeit nicht dem Operational Design nachzukommen. Besser ist es, diese Aufgabe dann wahrzunehmen, wenn die Einsatzkräfte schlafen (▶ Bild 7).

## 4.2 Grundlagen der Koordination unterschiedlicher Akteure

Somit würden sich zwei Stabsschichten von morgens bis abends um das Operational Management kümmern und die dritte dann von abends bis morgens um das Operational Design. Somit können sich die Stabsangehörigen spezialisieren und die Planung erfolgt zu einem Zeitpunkt, in dem sich die Lage nur aufgrund der Schadensereignisse verändert und nicht noch zusätzlich aufgrund der getroffenen Maßnahmen der Krisenbewältigung.

|  | 00:00 | 01:00 | 02:00 | 03:00 | 04:00 | 05:00 | 06:00 | 07:00 | 08:00 | 09:00 | 10:00 | 11:00 | 12:00 | 13:00 | 14:00 | 15:00 | 16:00 | 17:00 | 18:00 | 19:00 | 20:00 | 21:00 | 22:00 | 23:00 |
|---|---|---|---|---|---|---|---|---|---|---|---|---|---|---|---|---|---|---|---|---|---|---|---|---|
| Schicht 1 | | | | | | | V | Ü | | | | | | | Ü | D | | | | | | | | |
| Schicht 2 | | | | | | | | | | | | | | V | Ü | | | | | | | Ü | D | |
| Schicht 3 | | | | | | | | | Ü | V | | | | | | | | | | | V | Ü | | |
| Operational Management | | | | | | | | Ü | | | | | | | | | | | | | | Ü | | |
| Operational Design | | | | | | | | | Ü | | | | | | | | | | | | | Ü | | |

**Bild 7:** *Zeitliche Aufteilung von Operational Design und Operational Management*

In ▶ Bild 7 ist eine Drei-Stabsschichten-Planung dargestellt. Schicht 1 beginnt um 06:00 Uhr mit der Vorbereitung auf die Übernahme der Stabsarbeit (V) (▶ Kapitel 9.6). Diese Phase wird in der Regel keine ganze Stunde dauern. Von 07:00 bis 08:00 Uhr übernimmt die Schicht 1 die Lage von der Schicht 3 (Ü). Sie arbeitet dann sechs Stunden an der Bewältigung der Krise. Eine Stunde lang wird die Tätigkeit an Schicht 2 übergeben, bevor die Schicht 1 nach einem kurzen Debriefing in die Freizeit entlassen wird (maximale Arbeitszeit: zehn Stunden). Die Schicht 2 arbeitet nach einer Stunde Vorbereitungs- (V) und Übergabezeit (Ü) dann ebenfalls sechs Stunden an der Krisenbewältigung. Sie hat die Arbeit möglichst so zu organisieren, dass sie vor Ort über Nacht ruhen kann. Nun erfolgt der Wechsel zur Schicht 3. Mit der Debriefing-Phase arbeitet die Schicht 2 ebenfalls maximal zehn Stunden. Die Schicht 3 plant nun die Krisenbewältigung für die nächsten Tage und übergibt am nächsten Morgen die Lage an die Schicht 1. Mit Vorbereitungs- und Debriefingphasen arbeitet die Schicht 3 maximal 13 Stunden und hält somit die EU-Arbeitsschutzrichtlinie gerade noch ein.

Durch die Zusammenarbeit mit verschiedenen Menschen aus verschiedenen Bereichen der Gesellschaft können durch Synchronisation und zielführende Koordination Synergien optimal genutzt werden. Doch in allen Bereichen, in denen verschiedene »Gruppierungen« aufeinandertreffen, können auch Probleme entstehen:
- Vielzahl der agierenden Akteure,
- beachtliche Unterschiede in der Kultur, in den Werten und Normen der verschiedenen Akteure,
- Vertrauen bzw. Misstrauen zwischen den Akteuren,

# 4 Krisenkoordination durch die politisch verantwortliche Führungskraft

- unterschiedliche Sprache der Akteure, z. B.: Verwaltungsdeutsch – Jugendsprache; Befehlssprache – Sprache der Spontanhelfenden; verschiedene Muttersprachen,
- unterschiedliche Fähigkeiten der Informationsgewinnung.

## 4.3 Unterschiede zwischen den zu koordinierenden Entitäten

Prinzipiell gibt es vier unterschiedliche Arten von Entitäten, die Sie als politisch verantwortliche Führungskraft effektiv und effizient zum Wohle der Betroffenen koordinieren müssen:

1. Entitäten, die zur Bewältigung von Krisen existieren, z. B. Feuerwehr, Polizei oder auch der Winterdienst.
2. Entitäten, die in der Regel nichts mit Krisen zu tun haben, aber sich auf solche vorbereiten, z. B. Gesundheitsamt, Ordnungsamt, Krankenhäuser.
3. Entitäten, die im Krisenfall hochfahren, z. B. Hilfsorganisationen, Spontanhelfende.
4. Entitäten, die mit Krisen eigentlich gar nichts zu tun haben, z. B. Schulamt, Grünflächenamt, Bürger.

Die unterschiedlichen Entitäten bereiten sich nicht nur unterschiedlich auf Krisen vor, sie leben auch vollkommen unterschiedliche Kulturen. Hinzu kommt, dass sich »Krisenorganisationen« in der Regel in der Krise nicht umstrukturieren müssen, während die anderen zunächst in den Krisenmodus umschalten müssen. So hat z. B. die Bundeswehr ihre Alltagsorganisation den Stabsstrukturen S1-S4 angepasst.

**Entitäten, die für Krisenreaktionen existieren**
Diese Entitäten besitzen schon die entsprechenden Strukturen, Prozesse und Ressourcen. Die Qualität ihrer Leistungen beruht im Wesentlichen auf der internen Kommunikation und der Ausbildung ihrer Einsatzkräfte. Sie sehen sich als die eigentlichen Krisenbewältiger: Sie sind die Speerspitze der Krisenreaktion. In Nicht-Krisenzeiten bereiten Sie sich durch Aus- und Fortbildung sowie umfassende Krisenplanungen intensiv auf eine solche vor. In der Regel fokussieren sie sich ausschließlich auf die unmittelbare Hilfe für die direkt Betroffenen. Sie beachten die etwaigen größeren politischen Zusammenhänge und Auswirkungen einer Krise eher selten.

## 4.3 Unterschiede zwischen den zu koordinierenden Entitäten

**Entitäten, die nicht überwiegend für Krisen existieren**
Krisenreaktion gehört nicht zum Alltagsgeschäft dieser Entitäten. Strukturen zur Bewältigung sind vorhanden, aber die Angehörigen verfügen nur über eine geringe Erfahrung in der Krisenreaktion. Sie sind es gewohnt, normale (Verwaltungs-) Tätigkeiten professionell mit viel Erfahrung auszuführen. In Krisen sind diese Entitäten überwiegend für die Bewältigung von psychologischen, sozialen und ökonomischen Folgen zuständig. Ihre Einbindung in die unmittelbare Krisenreaktion ist begrenzt. Sie stehen vor der Herausforderung von der Alltagsbearbeitung einzelner Vorgänge unverzüglich in die schnelle Parallelbehandlung vieler Vorgänge umzuschalten: Gut strukturierte und standardisierte Prozesse werden von improvisierten Prozessen abgelöst.

**Entitäten, die während der Krise hochfahren**
Solche Entitäten arbeiten innerhalb der behördlichen Krisenreaktion (z. B. Hilfsorganisationen) oder außerhalb (z. B. Spontanhelfende, NGO). Sie stützen sich in der Regel auf die freiwillige bzw. ehrenamtliche Hilfe ab. Ihre Kompetenzen und Kapazitäten sind im Vorfeld mehr oder weniger nicht abschätzbar und somit nur schwer planbar. Sie übernehmen häufig, aber nicht ausschließlich, unterstützende Aufgaben. Ihre Leistung beruht stark auf der Fähigkeit, schnell ihre Helferzahlen hochzufahren. Einige bereiten sich umfassend auf eine Krisenreaktion vor, andere überhaupt nicht und müssen entsprechende Strukturen während der Krise erst entwickeln und implementieren. Letztere sind besonders schwierig in langfristige Planungen einzubinden (Karsten, 2023). Sie bringen sich spontan in die Krisenbewältigung ein – verlassen diese aber eventuell auch wieder genauso spontan. Hinzu kommt, dass ihre Strukturen unklar sind und allgemein anerkannte Ansprechpartner oder Mittler nicht ohne Weiteres vorhanden sind bzw. gefunden werden.

Zwischen den in der Krisenreaktion etablierten Entitäten, wie den Hilfsorganisationen, und den nicht etablierten kann es zu erheblichen Spannungen kommen. Besonders wenn die Arbeit der einen in den Medien sehr hervorgehoben wird und die der anderen unerwähnt bleibt. Die nicht etablierten Helfer fügen sich häufig nicht in die staatliche Krisenreaktionsstruktur ein. Hier müssen Sie als politisch verantwortliche Führungskraft zwischen den einzelnen Entitäten koordinieren. Dies wird nicht nur aufgrund von kulturellen Barrieren, sondern auch aufgrund von technischen Kommunikationsproblemen (Telefonnummern sind im Vorfeld nicht ausgetauscht worden) schwierig.

# 4 Krisenkoordination durch die politisch verantwortliche Führungskraft

**Entitäten, die von Krisen schlagartig getroffen werden**

Neben den Betroffenen, deren Angehörigen und Freunden sowie der allgemeinen Öffentlichkeit, sind dies besonders die »klassischen« Ämter der Verwaltung. Hier ist Ihre Hauptaufgabe als politisch verantwortliche Führungskraft, diese in den »Krisenmodus« zu versetzen. In ihnen muss ein Krisenbewusstsein erzeugt werden. Dies gelingt nur durch entsprechende Kommunikation und Vorleben. Zu Beginn der Covid-19-Pandemie 2020 waren die Politiker so lange recht erfolglos bei dem Generieren eines solchen Bewusstseins, solange sie nicht mit gutem Vorbild vorangingen: Die Bevölkerung in einem Pressestatement aufzufordern, Abstand zu halten, während die drei Minister eng nebeneinander stehen, erzeugt nun mal nicht das entsprechende Bewusstsein. Erschwerend kommt hinzu, dass in Krisen niemand die beste Reaktion mit Sicherheit vorhersagen kann. Deshalb werden in den heutigen Medien und Social Media viele sich widersprechende Meinungen – von »es existiert gar keine Krise« bis zu »die Welt geht gerade unter« – öffentlich verbreitet (▶ Kapitel 10.1).

Mit steigender Komplexität wird auch die Anzahl der unterschiedlichen Entitäten, deren Beteiligung an der Krisenreaktion dringend geboten ist, und denen, die helfen möchten, ansteigen. Als politisch verantwortliche Führungskraft benötigen Sie entsprechendes Fingerspitzengefühl bei der Annahme und Ablehnung von Hilfsangeboten. Viele solcher Organisationen sind von Spendengeldern abhängig und drängen deshalb in die Öffentlichkeit. Bei einer falschen Entscheidung kann die anschließende Kritik in der Öffentlichkeit Sie mehr und vor allem länger beschäftigen als die eigentliche Krise.

Während der Krisenreaktion kann es dazu kommen, dass »Professionelle« und »Amateure« kontrovers aneinandergeraten (bspw. durch gegenseitige Abwertungen). Weitere Konfliktpotenziale existieren zwischen den taktischen, operativen und strategischen Zielverfolgungen. Während die Feuerwehr auf die unmittelbare Krisenbewältigung fokussiert ist, muss die Kämmerei die eigenen Finanzen im Auge behalten. Vorurteile besonders bezüglich der Beweggründe des anderen können sich in Krisen verschärfen und die Krisenreaktion behindern. Auch hier hilft es, wenn man sich schon vor der Krise persönlich kennt.

Schwierig wird es auch, wenn externe Führungskräfte (z. B. von überörtlichen Feuerwehrbereitschaften oder der Bundeswehr) auf die lokalen treffen. Eine Übertragung von Führungsaufgaben auf Externe ist gesetzlich möglich und taktisch unter Umständen sinnvoll, sollte aber nur mit sehr viel Fingerspitzengefühl erfolgen. Gleichzeitig müssen sie beachten, dass Führungskräfte des Bundes (z. B. THW, Bundespolizei und Bundeswehr) sowie überörtliche Organisationen (z. B. Hilfsorganisationen, NGO) auch immer ihren Organisationen verpflichtet sind oder sich ihnen verpflichtet fühlen. Sie dienen in der Regel zwei Herren: Ihnen und den Führungskräften der eigenen Organisation.

Neben sachlichen Interessen oder Gruppeninteressen existieren auch immer ganz persönliche Interessen. So drängen manche Personen aus Geltungszwang in die Öffentlichkeit und streben nach exponierten Führungs- oder Expertenpositionen. Und auch mancher Regierungs- oder Oppositionspolitiker sieht eine Krise als unerwartete Chance, die eigene politische Karriere zu beschleunigen. Als politisch verantwortliche Führungskraft sollten Sie auf den Zusammenstoß von Eliten und Alpha-Männchen und -Weibchen vorbereitet sein und diesen in jeder Minute erwarten.

## 4.4 Koordination von Akteuren im eigenen Zuständigkeitsbereich

Ihre Aufgabe als politisch verantwortliche Führungskraft ist es, das Potenzial Ihrer Verwaltung einschließlich der Ihnen unterstellten Organisationen optimal einzusetzen. Da sich die Auswirkungen einer Krise nicht nach Ihrer Alltagsorganisation richten, müssen Sie Aufgaben anders als üblich delegieren. Diese Aufgabe ist aufgrund der großen Anzahl an Ämtern, Behörden, Organisationen und privaten Akteuren schwierig.

Den Betroffenen von Krisen wird immer am besten von den Menschen vor Ort geholfen. So versuchen die Betroffenen zunächst sich selbst und ihren Familien/Nachbarn zu helfen. Falls sie dazu nicht in der Lage sind, treten Spontanhelfende ins Bild. First Responder und die örtlich zuständigen staatlichen Gefahrenabwehrorganisationen und Verwaltungen (Subsidiarität der Krisenreaktion) kommen als dritte Instanz hinzu. Erst wenn diese Akteure von der Situation überwältigt sind, sollten höhere Ebenen die Führung übernehmen. Die oberste Ebene, die Bundesregierung, ist nur in wenigen Krisensituationen (z. B. dem Verteidigungsfall) gefragt. Der Führungsübergang von einer Ebene zur nächsten ist sehr häufig mit Reibungsverlusten verbunden (▶ Kapitel 3.2) und gelingt manchmal auch nur rudimentär. Daraus resultiert das »Upscaling-Dilemma«: Die Führungsübernahme durch obere Führungsgremien benötigt Ressourcen und Zeit, ist aber auch notwendig, um sicherzustellen, dass die verschiedenen Akteure untereinander an einem Strang ziehen und überörtliche Hilfe effektiv in die Krisenreaktion eingebunden werden kann. Es kann vorkommen, dass es operativ gar keinen Sinn macht, die Leitung der

Krisenreaktion als vorgesetzte Führungskraft zu übernehmen, es aber politisch ein Muss ist. Viele politisch verantwortliche Führungskräfte haben erhebliche Kritik auf sich gezogen, weil sie während einer Krise im Urlaub weilten oder sich um private Belange kümmerten.

Ob es sinnvoll ist, dass Sie als politisch verantwortliche Führungskraft die Führung der Krisenreaktion übernehmen, müssen Sie für sich entscheiden. Sie sollten dies aber auf jedem Fall erst dann tun, wenn Sie dazu auch in der Lage sind. Ohne entsprechende Informationen und Führungsunterstützung sind Sie es nicht. Die Frage läuft darauf hinaus, ab wann Ihr Stab einsatzbereit ist, wann die unbedingt notwendigen Führungsfunktionen besetzt sind und ab wann Ihnen ausreichende Informationen vorliegen. Personen, die in Krisen führungsschwach sind, werden eine oder beide Kriterien jeweils als nicht erfüllt ansehen (Oberbürgermeister und Landräte werden ja für Normalsituationen und nicht für Krisen gewählt).

Zusammenfassend müssen Sie die – nicht einfache – Entscheidung treffen, ob die Vorteile einer zentralen Führung den Nachteilen derer überwiegen. Ob es sich also lohnt, eine entsprechende Führungsorganisation aufzubauen.

In heutigen Krisen werden die staatlichen Behörden nur noch in Ausnahmefällen die Krise allein meistern können. Häufig werden sie auf die Unterstützung der Zivilgesellschaft angewiesen sein (Wegner, 2023). Sollten sie einmal nicht auf die Unterstützung angewiesen sein, werden sie aber fast immer die Beteiligung der Zivilgesellschaft an der Krisenreaktion »erdulden« müssen. Die Menschen sind in Krisen nicht mehr stumm und teilnahmslos. Sie sind aktive Partner der staatlichen Behörden. Sie als politisch verantwortliche Führungskraft müssen die Aktivitäten der unterschiedlichen Akteure horizontal und vertikal koordinieren. Symbolisiert wird dies u. a. durch den Zehn-Säulen-Ansatz (▶ Bild 3). Neben den staatlichen Akteuren (Bevölkerungsschutz (häufig als »nicht-polizeiliche Gefahrenabwehr« bezeichnet), Polizeien der Länder und des Bundes, der Bundeswehr, Nachrichtendienste der Länder und des Bundes), der Zivilgesellschaft (Privatwirtschaft, NGOs und Spontanhelfende) und internationaler Organisationen (EU ECHO, UN OCHA, NATO etc.) sind besonders auch die Betroffenen und deren Nachbarn als Krisen-Responder einzubinden. Dies ist nicht nur eine Maßnahme der Trauma-Vorbeugung und Trauma-Bewältigung, sondern eine nicht zu unterschätzende Ressource an Wissen und Manpower. Bei der Koordinierung der unterschiedlichen Akteure sind die unterschiedlichen gesetzlichen Kompetenzen und Beschränkungen (z. B. der Einsatz der Bundeswehr im Inneren oder der Einsatz von Katastrophenschutzeinheiten benachbarter Staaten) und unterschiedliche nationale und regionale Interessen zu berücksichtigen. Interessen von Gruppierungen/Akteuren wie den Johannitern (JUH), des Deutschen Roten Kreuzes (DRK), der Freiwilligen Feuerwehr (FF) usw. wider-

## 4.4 Koordination von Akteuren im eigenen Zuständigkeitsbereich

sprechen sich unter Umständen, zum Beispiel wenn es um die Reputation (Anerkennung durch Politiker, der Presse oder andere Meinungsmacher) geht.

> **Exkurs:**
>
> Ein konkretes Beispiel für Widersprüche unter Katastrophenhelfern in Deutschland ist die Reaktion auf die Überschwemmungen im Juli 2021. In dieser Situation traten verschiedene Widersprüche und Herausforderungen auf:
>
> 1. Koordination der Hilfsmaßnahmen: Verschiedene Organisationen, darunter das Technische Hilfswerk (THW), die Feuerwehr, das Rote Kreuz und viele andere, waren an den Hilfsmaßnahmen beteiligt. Es gab jedoch Berichte über unzureichende Koordination zwischen den verschiedenen Organisationen, was zu ineffizienten Einsätzen und Verzögerungen bei der Bereitstellung von Hilfe führte.
> 2. Einschätzung der Lage: In den ersten Tagen nach den Überschwemmungen gab es unterschiedliche Einschätzungen über die Schwere der Lage und die benötigten Ressourcen. Einige Einsatzkräfte waren der Meinung, dass die Situation schneller unter Kontrolle gebracht werden könnte, während andere auf die Dringlichkeit einer umfassenderen und langfristigen Unterstützung hinwiesen.
> 3. Ressourcenzuteilung: Es gab auch Diskussionen über die Zuteilung von Ressourcen, insbesondere in Bezug auf Material und Personal. Einige Regionen benötigten dringend Unterstützung, während andere möglicherweise überversorgt waren. Dies führte zu Spannungen und Unstimmigkeiten darüber, wo die Hilfe am dringendsten benötigt wurde.
> 4. Kommunikation mit der Bevölkerung: In der ersten Phase der Katastrophe gab es auch Widersprüche in der Kommunikation mit den betroffenen Menschen. Während einige Organisationen aktiv Informationen bereitstellten, gab es andere, die Schwierigkeiten hatten, klare und konsistente Botschaften zu vermitteln, was zu Verwirrung und Unsicherheit in der Bevölkerung führte.

Aber auch die Arbeitsweisen der unterschiedlichen Organisationen sind aufeinander abzustimmen, zum Beispiel die Arbeitsweise von »Einsatzorganisationen« wie die Feuerwehr und der Verwaltung oder von privaten Firmen. Deren Entscheidungsprozesse und die Planungshorizonte können sehr unterschiedlich sein. Diese Abstimmung muss schnell und möglichst reibungslos ohne Bruchkanten erfolgen. Und die Frage, wer eigentlich den Hut aufhat, kann zu einem »Krieg der Helfenden« führen. Hier müssen Sie als politisch verantwortliche Führungskraft alle Beteiligten daran erinnern, worum es eigentlich geht: »die Not der Betroffenen mildern« und ggf. mit »harter Hand« alle wieder auf das gemeinsame Ziel hinlenken.

# 4 Krisenkoordination durch die politisch verantwortliche Führungskraft

**Merke:**
Beachten Sie stets die unterschiedlichen Kulturen und Werte der verschiedenen Akteure und deren Verhältnis (z. B. Eifersüchteleien) untereinander.

Beachten Sie stets, dass gewisse Schadenlagen sich so schnell fortentwickeln oder die Anzahl der beteiligten helfenden Organisationen so groß ist, dass eine zentrale top-down Führung nur schwer effektiv umzusetzen ist. Die Krisenreaktion sollte von den Zuständen an den Einsatzstellen geprägt sein. Durch das »Führen mit Auftrag« und die Bildung dezentraler, agiler und resilienter Netzwerke können selbst hochdynamische, hochkomplexe Großschadenlagen bewältigt werden.

Als politisch verantwortliche Führungskraft haben Sie Ihre Idee der Krisenbewältigung sehr unterschiedlichen Interessengruppen nahe zu bringen. Diese reichen von der eigenen Verwaltung, den eigenen Gefahrenabwehrkräften (wie Feuerwehr) über Landes- und Bundesbehörden (z. B. den Polizeien) bis zu Kirchen, Sportvereinen, Altenkreisen oder Globalisierungsgegnern. Diese Aufgabe wird noch erschwert, da Sie viele dieser Interessengruppen unter Umständen niemals zu Gesicht bekommen werden. Sie müssen ihnen Ihre Werte vermitteln, Ihr Handeln erklären und sie überzeugen, dass eine Kooperation mit Ihnen, den meisten Mehrwert für die Betroffenen liefern wird. Sie werden nicht darum herumkommen, ein Netzwerk aus unterschiedlichsten Netzwerken beherrschen zu müssen.

Eine wichtige Aufgabe für jede Führungskraft ist es, immer genügend Ressourcen – besonders Personal-Ressourcen – vorzuhalten. Es sollte unbedingt verhindert werden, dass der Einsatz außerplanmäßig unterbrochen werden muss, weil Ressourcen fehlen. Bei den Personalressourcen sind folgende Kräfte zu unterscheiden (▶ Tabelle 3).

Tritt ein Mangel bei den Personalressourcen für eine dieser Aufgaben auf, müssen ausgleichende Maßnahmen durch die Einsatzleiter und letztendlich durch die politisch verantwortliche Führungskraft getroffen werden. Diese ausgleichenden Maßnahmen müssen umgehend den Stabsbereichen mitgeteilt werden, die die Ressourcen abgeben müssen. Die Gesamtpersonalsituation kann gut grafisch dargestellt werden (Beispiel ▶ Bild 8). Die rote Fläche veranschaulicht eine angespannte Personalsituation.

## 4.4 Koordination von Akteuren im eigenen Zuständigkeitsbereich

Tabelle 3: *Personalressourcen und deren Aufgaben*

| Aufgaben der Einsatzkräfte | Unterstellung im | |
|---|---|---|
| | administrativen-organisatorischen Stab | operativ-taktischen Stab |
| Mit der Krisenbewältigung beschäftigt | entsendende Entität | S3 |
| Ablösung für die eingesetzten Kräfte | | S2 |
| Kräfte für neue, schon geplante Aufgaben | | S3 |
| Kräfte des Eigenschutzes | | S4 |
| Kräfte für Reaktionen auf ungeplante Entwicklungen | politisch verantwortliche Führungskraft | Einsatzleiter |
| Personal für den Alltagsbetrieb | entsendende Entität | S3 oder Leitstelle |
| Personal, das sicherstellt, dass die Einsatzkräfte die Krise bewältigen können (Versorgung) | entsendende Entität | S4 |

Bei der Planung des Personaleinsatzes sollte immer auch die europäische Arbeitsschutzrichtlinie beachtet und so weit wie möglich eingehalten werden. Zum einen aus Fürsorgepflicht gegenüber den Einsatzkräften und zum anderen, um deren Arbeitsleistung auch noch für kommende Schichten sicherzustellen. Die Personalsituation ist regelmäßig den unterstellten Führungskräften mitzuteilen, damit diese ihre Planungen entsprechend durchführen können. In der Regel ist es besser, einige Angehörige eines Teams pausieren zu lassen und dadurch die Arbeitsleistung des Teams zu reduzieren als irgendwann einmal komplett ausgebrannt zu sein. Überschreitet die Einsatzdauer eine Grenze, sinkt die Arbeitsleistung der Einsatzkräfte rapide ab und die notwendige Regenerationsdauer verlängert sich erheblich. Die Entscheidung, Einsatzkräfte in die Pause zu schicken und damit die Hilfeleistung zu reduzieren, ist bei Menschenrettung schwierig, aber notwendig. Gerade in kritischen Situationen neigen die meisten Einsatzkräfte dazu, ihre eigenen Fähigkeiten zu überschätzen. Hier benötigen Sie als politisch verantwortliche Führungskraft neben Weitsicht auch die notwendige Überzeugungskraft – gegenüber den Einsatzkräften, aber auch gegenüber den Betroffenen, deren Angehörigen, der Öffentlichkeit und

# 4 Krisenkoordination durch die politisch verantwortliche Führungskraft

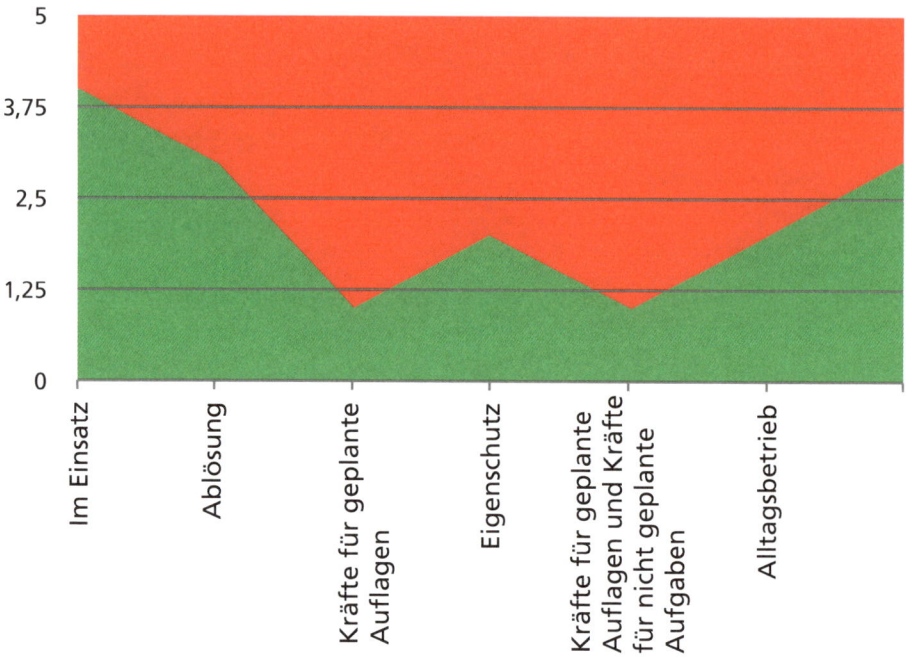

**Bild 8:** *Darstellung der Personalsituation*

den Medien. Entscheidend ist, dass Sie sich nicht von der Dramatik des Augenblickes gefangen nehmen lassen, behalten Sie den Überblick!

Die Einsatzkräfte in den Führungsgremien sind sicherlich weniger körperlich belastet als die Einsatzkräfte, die die Krise vor Ort bewältigen, aber auch sie werden physisch und emotional belastet. Deshalb haben Sie auch bei ihnen darauf zu achten, dass genügend Pausen eingehalten werden. Und letztendlich haben Sie auch auf sich selbst zu achten. Auch Sie müssen über einen längeren Zeitraum einsatzfähig bleiben (▶ Kapitel 12.1) und gleichzeitig ein Vorbild für Ihre Mitarbeiter darstellen.

Für Ihre Einsatzkräfte müssen Sie zwei weitere Punkte im Auge behalten. Erstens müssen Sie sicherstellen, dass die einzelnen Einsatzkräfte auch privat den Rücken frei haben. Solange diese sich um Angehörige kümmern müssen oder sich um sie Sorgen machen, werden sie kaum in der Lage sein, ihren Aufgaben bei der Krisenbewältigung adäquat nachzukommen. Konkret bedeutet dies z. B. Kinderbetreuung, Gesundheitsversorgung gerade für Menschen mit besonderen Bedürfnissen, Arbeitsplatz- und finanzielle Sicherheit. Organisieren Sie ein internes »Sorgentelefon«

## 4.4 Koordination von Akteuren im eigenen Zuständigkeitsbereich

speziell für Ihre Einsatzkräfte. Zweitens müssen Sie Personal zur Eigensicherung des eingesetzten Personals vorhalten. Wieviel und mit welchen Fähigkeiten hängt von der jeweiligen Krise ab. Neben den »klassischen« Kapazitäten wie Rettungsdienst, Bergungs-, ABC- und Brandschutzeinheiten sind aber auch gesonderte Intensivbetten vorzuhalten. Ihre Einsatzkräfte werden motivierter sein, wenn sie wissen, dass Sie sich um sie in jeglicher Notlage, die durch den Einsatz entsteht, kümmern.

Bei der Planung müssen Sie jeweils vom derzeitigen taktischen Einsatzwert Ihrer Einsatzkräfte ausgehen. Menschen, die schon lange im Einsatz sind, haben nicht den gleichen Einsatzwert wie noch nicht eingesetzte. Auch wenn erstere es aufgrund ihrer Motivation nicht immer einsehen. Bedenken Sie auch, dass es oft besser ist, die zweitgeeigneten Kräfte aus dem Umfeld des Einsatzortes einzusetzen als die bestgeeigneten über eine weite Strecke anfahren zu lassen.

Nicht nur die Gefahrenabwehr kennt einen Grundschutz. Dieser ist für »Alltags-Ereignisse«, die parallel zur Krise geschehen, sicherzustellen. Auch Ihre Verwaltung hat einen solchen Grundservice vorzuhalten. Der Bürger hat ein grundgesetzlich verankertes Recht auf »Service-Leistungen« des Staates (▶ Kapitel 2.3). Auch hierfür haben Sie ein »Not-Team« vorzuhalten. Inwieweit solche Notleistungen zusammen mit anderen Behörden und/oder benachbarten Gebietskörperschaften angeboten werden können, hängt von der Krise, der Leistung und den Beteiligten ab. Aber Sie sollten schon im Vorfeld der Krise solche Maßnahmen planen und ggf. Absprachen treffen. Zu berücksichtigen ist, dass viele Leistungen einer Kommune gesetzlich vorgeschrieben sind oder durch gewählte Volksvertreter festgelegt wurden (z. B. die Qualität des Brandschutzes in Bedarfsplänen). Ein längeres Unterschreiten dieser Standards bedarf einer besonderen Entscheidung. Aufgrund der mitunter weitreichenden Folgen sollte dies grundsätzlich von der politisch verantwortlichen Führungskraft entschieden werden.

Gerade in langanhaltenden Krisen sollten Sie als politisch verantwortliche Führungskraft immer noch ein Ass im Ärmel behalten. Dieses kann bei großflächigen Lagen (z. B. einer Pandemie) nicht durch Personalverstärkung aus der Nachbarschaft, dem Land oder dem Bund bzw. international gestellt werden. Krisenbewältigungskapazitäten zurückzuhalten und dadurch unter Umständen Menschenleben zu gefährden, ist sehr schwierig, aber häufig unabdingbar (vgl. z. B. die Terroranschläge auf den Madrider und Londoner Personennahverkehr).

Bei dem Einsatz Ihrer Einsatzkräfte kann es sinnvoll sein, dass diese zwischen den einzelnen Aufgaben wechseln (▶ Bild 9). Mitarbeiter, die bisher mit der Bewältigung der Krise beschäftigt sind, wechseln in die Pause (1.), danach übernehmen sie die Aufgaben des Alltagsbetriebes (2.), um danach wiederum in eine Pause zu wechseln. Nun gehen sie wieder in den Einsatz, indem sie laufende und neue Aufgaben

**4**  Krisenkoordination durch die politisch verantwortliche Führungskraft

übernehmen. Sollen sie neue Aufgaben übernehmen, müssen neue Kräfte für die Ablösung zur Verfügung gestellt werden oder aber sie müssen aufgeteilt werden, wodurch die Arbeitsleistung für jede einzelne Aufgabe reduziert werden muss. Nach dieser Einsatzschicht gehen sie wieder in eine Pause (4.), um danach die Reserve für ungeplante Einsätze zu bilden (5.). Kommen sie in dieser Zeit zum Einsatz (6a.) beginnt der Kreislauf von vorne, andernfalls gehen sie wieder in eine Pause (6b.), um danach wieder in den Einsatz zu gehen (7.). Durch diese Arbeitseinteilung gehen zwar Erfahrungen verloren, aber die Belastungen werden gleichmäßiger verteilt. Falls Sie eine Tag- und eine Nachtschicht etablieren, kann der Schichtplan für die sechs Schichten wie in ▶ Bild 10 aussehen. Der Alltagsbetrieb wird auf zwei Schichten aufgeteilt.

Das hat den Vorteil, dass Sie z. B. Ihre Bürgerbüros länger geöffnet halten und somit eine Entzerrung des Bürgerandrangs erreichen können. Die Schicht T1 ist am

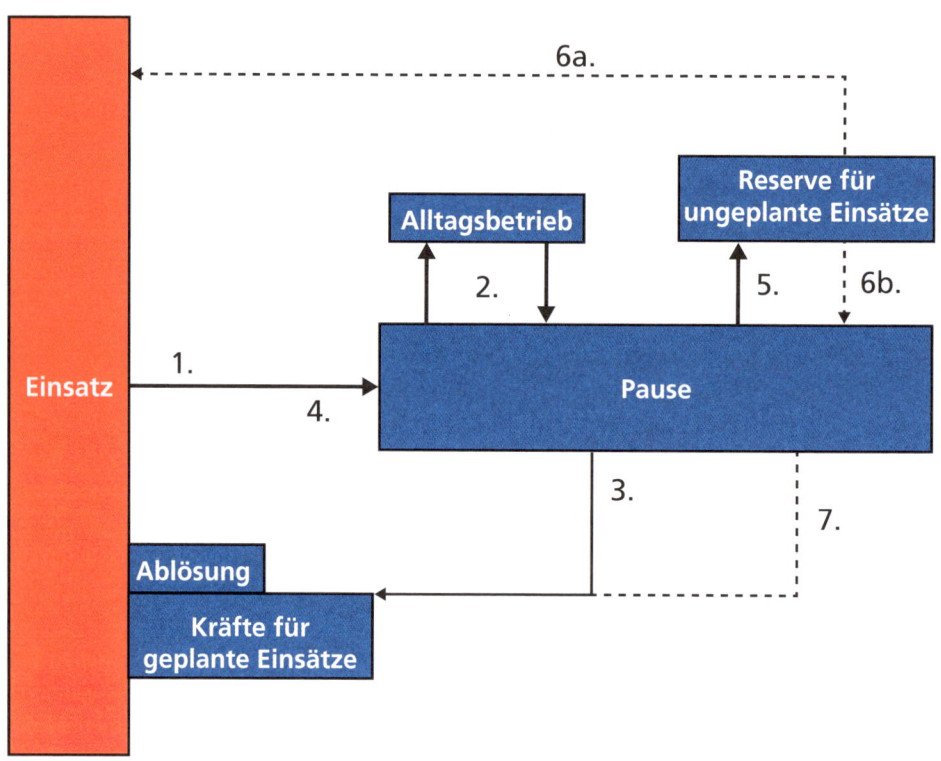

**Bild 9:** *Wechselnde Personaleinteilung während einer Krise*

## 4.4 Koordination von Akteuren im eigenen Zuständigkeitsbereich

Tag A acht Stunden mit der Bewältigung der Krise betraut, danach hat sie 16 Stunden Pause, um dann am Tag B acht Stunden den Alltagsbetrieb aufrechtzuerhalten. Am Tag C bildet sie die Reserve für nichtgeplante Einsätze. Werden diese nicht benötigt, haben die Mitarbeiter am Tag C nur Bereitschaftsdienst. Jede Schicht hat also einen Arbeitsrhythmus von Krisenbewältigung – Alltagsbetrieb – Bereitschaft – Krisenbewältigung usw. Durch solch einen Dienst kann eine Krisenbewältigung lange aufrechterhalten werden, ohne die Mitarbeiter zu sehr auszulaugen.

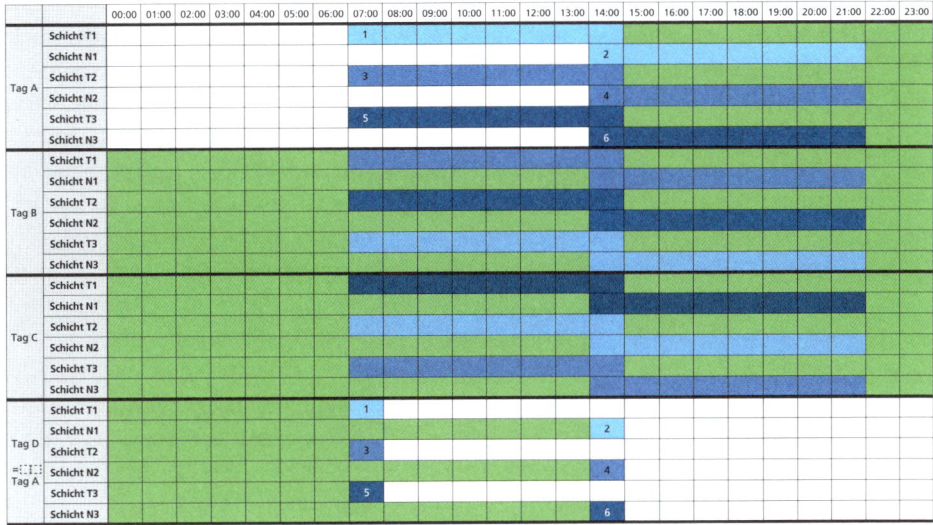

**Bild 10:** *Schichtplanung bei wechselnder Personaleinteilung*

Sinnvoll ist es natürlich schon im Rahmen der Vorbereitungen auf Krisensituationen, die Belegschaft und deren Vertretungen aktiv in die Planungen einzubeziehen. Auch in Krisen sollten die Beteiligungsrechte der Gremien so weit wie möglich berücksichtigt werden. Müssen Sie Ihren Alltagsbetrieb rund um die Uhr anbieten (z. B. im Rettungsdienst oder bei der Feuerwehr) ist der gezeigte Schichtplan entsprechend anzupassen.

## 4.5 Koordination von Akteuren aus anderen Zuständigkeitsbereichen

In den meisten Krisen sind mehr als eine Autorität für deren Bewältigung zuständig. Neben Ihrer Verwaltung wird meistens auch die Polizei beteiligt sein. Die Koordination der verschiedenen Autoritäten beruht meistens auf Soft- und nicht auf Hard-Power, selbst wenn Ihnen dazu evtl. die gesetzlichen Möglichkeiten zur Verfügung stehen. Aber bei konkurrierenden Gesetzen und/oder divergierenden Auslegungen können Sie in einer Krise kein Gericht zur Beilegung um Hilfe bitten. Sie müssen mit dem Gegenüber möglichst einvernehmlich zum Wohle der Betroffenen auskommen. Dies gelingt in der Regel besser, wenn Sie diese schon vor der Krise persönlich kennen. Die informelle Führung erringen Sie, wenn Sie in der Lage sind, die Verantwortlichen der unterschiedlichen Autoritäten zusammenzubringen, die Agenda von Treffen (mit) zu bestimmen und gemeinsame Krisenreaktionen zu formen.

Bei dieser Koordination müssen Sie situationsabhängig Ihre Soft- und Hard-Power geschickt einsetzen. Dabei haben Sie häufig unterschiedliche Kulturen zusammenbringen, z. B. die Bundeswehr und die Fridays-for-Future-Bewegung. Erschwerend ist die Tatsache, dass sich gerade in Krisen das gegenseitige Misstrauen verstärkt. Aber ohne gegenseitiges Vertrauen ist eine koordinierte, effektive Krisenreaktion nicht möglich. Als gewählte politisch verantwortliche Führungskraft liegt es an Ihnen, diese Koordination zumindest zu versuchen. In Krisen unter Zeitdruck ist es von Vorteil, wenn Sie über ein »Rotes Telefon« verfügen, mittels dem Sie die Entscheidungsträger der anderen Akteure direkt und schnell erreichen können.

# 5 Aus dem Chaos in das geordnete Krisenmanagement

Die ersten 72 Stunden der Krisenbewältigung entscheiden in der Regel darüber, wie Ihr Krisenmanagement von der Öffentlichkeit wahrgenommen wird. Zeigen Sie in diesen Stunden das Bild eines überforderten Krisenmanagers, werden Sie dies im Laufe der Krisenbewältigung nur schwer korrigieren können. Zu Beginn von Krisen stehen die Entscheidungsträger im Spannungsfeld, die Situation überhaupt zu verstehen, sich einen Überblick zu verschaffen und den dringenden Bedarf an Hilfeleistungen abzuschätzen. Da immer mehr als ein Akteur in der Krisenbewältigung involviert ist, bedarf es noch dem Abgleich der unterschiedlichen Lageeinschätzungen, um ein gemeinsames Bild der Situation zu erhalten (so war z. B. eine der wesentlichen Herausforderungen im Informationsmanagement nach der Ahrtalkatastrophe die Informationsfragmentation).

Das Hochfahren der Krisenmanagement-Organisationen benötigt Zeit und wird nur selten geübt. Deshalb stellt sich die Frage, ab wann ein Krisenstab eigentlich einsatzbereit ist (Welche Schlüsselfunktionen müssen z. B. mindestens besetzt sein?) und seine Aufgaben übernehmen kann.

Das Krisenmanagement startet immer »hinter der Lage«. Ausnahme sind nur »geplante« Lagen, wie z. B. die Fußball-Europameisterschaft 2024. Wer nur auf die Ereignisse reagiert, anstatt zu agieren, schränkt seine Handlungsfreiheit ein. Deshalb ist eine der wesentlichen Aufgaben der Entscheidungsträger »vor die Lage« zu kommen. Im Folgenden wird ein Weg aufgezeigt, der von Snowden und Boone (2007) entwickelt wurde. Sie unterscheiden vier Phasen, für die sie unterschiedliches Führungsverhalten vorschlagen: Chaosphase, komplexe Situation, komplizierte Situation, einfache Situation. Ziel einer Führungskraft sollte es sein, die Chaossituation möglichst in eine einfache Situation zu verändern. Wechselt die Krisensituation von einer Phase in eine andere, muss die Führungskraft ihren Führungsstil entsprechend verändern.

## 5.1 Chaossituation

Chaotischen Situationen zeichnen sich durch große Turbulenzen aus, eine klare Ursache-Wirkung-Beziehung ist nicht erkennbar, ein Ansatzpunkt für das Finden der richtigen Antwort ist nicht vorhanden und viele Entscheidungen sind unter Zeitnot

# 5 Aus dem Chaos in das geordnete Krisenmanagement

und hohem psychologischen Druck zu treffen (vgl. den ersten Tag während der Flutkatastrophe in Westdeutschland 2021).

Da jedes Führungsvakuum sofort von anderen Personen gefüllt wird, müssen Sie als politisch verantwortliche Führungskraft drei Ziele sofort angehen:

- **Nach außen:**
  Sie und Ihre unterstellten Kräfte müssen für die betroffene Bevölkerung und die Öffentlichkeit wahrnehmbar sein. Sie müssen erkennen, dass sie in dieser Krise nicht allein sind, dass Hilfe zumindest auf dem Weg ist! Dazu besonders geeignet sind amtliche Fahrzeuge und Personen in Uniformen.
- **Nach innen:**
  Ihre »Einsatzkräfte« (staatliche, nicht-staatliche, spontane) werden sofort mit der Bekämpfung der Krisensituation beginnen. Deshalb müssen Sie in der Funktion als oberster Einsatzleiter alle Einsatzkräfte »unter Kontrolle« bringen. Dafür müssen Sie ein Führungssystem etablieren.
- **Nach außen und innen:**
  Sie müssen Zuversicht und Optimismus vermitteln: »Wir schaffen das!« Und Sie müssen Vertrauen in Ihre Person als Krisenmanager aufbauen.

Um diese Ziele zu erreichen, müssen Sie »sichtbar« sein. Ihr eigenes Agieren – d. h. Befehle erteilen, Anweisungen geben, um Mithilfe bitten – hat oberste Priorität. Sie müssen klar und direkt kommunizieren. Sie müssen Entscheidungen ohne ein genaues Lagebild treffen, die die Krisensituation zumindest nicht verschlechtern. In den Feuerwehr-Dienstvorschriften ist von einem Einsatz mit Bereitstellung die Rede. Derartige Entscheidungen können Sie nur aus dem Bauch heraus treffen. Dazu benötigen Sie gesunden Menschenverstand und verfügen im besten Fall über Erfahrungen aus ähnlichen Situationen. Die Gefahr von Fehlentscheidungen ist hoch. Deshalb sollten Sie keine weitreichenden sowie nicht oder nur schwer korrigierbare Entscheidungen treffen. Um diese unangenehme Entscheidungssituation möglichst schnell zu verlassen, müssen Sie während der laufenden Gefahrenabwehr Strukturen etablieren und die charakteristischen Eigenschaften einer chaotischen Situation eliminieren oder zumindest vermindern. Dies erreichen Sie durch:

- Komplexitätsreduzierung (»Den Wald und nicht die Bäume sehen«),
- Modellbildung (»Das ist eine Versorgungskrise wie unmittelbar nach der Öffnung der innerdeutschen Grenze.«),
- Ausführen von Maßnahmen, die fast immer durchzuführen sind (»Einberufen des Stabes«),
- Abstraktion (»Nicht in Selbstmitleid oder Mitleid verfallen«).

## 5.2 Komplexe Situation

Die entscheidende Maßnahme zur Verkürzung der Chaosphase ist die Reduktion der Anzahl der zu treffenden Entscheidungen. Delegieren Sie Aufgaben – Führen Sie mit Auftrag! Und beachten Sie, dass einfache Optionen schneller umzusetzen sind und besser an die sich schnell veränderte Krisensituation anzupassen sind als komplizierte Pläne. Außerdem stärken selbst kleine, leicht zu erreichende Ziele das Selbstvertrauen und die Zuversicht aller Akteure. Zusätzlich können Sie durch Improvisation anstelle von langatmigen Einsatzplanungen die Übersicht wiedererlangen und die Chaosphase überwinden. Dies schafft Zeit zum Denken und für die strategischen Aufgaben, die Sie als politisch verantwortliche Führungskraft wahrzunehmen haben.

Einer Gefahr müssen Sie sich als politisch verantwortliche Führungskraft bei der Etablierung eines Führungssystems immer bewusst sein: Es kann Ihnen passieren, dass Sie dadurch wichtige Akteure nicht mitnehmen und diese aus der weiteren koordinierten Krisenreaktion drängen. Die kurzfristigen Erfolge, die Sie durch die Etablierung eines Führungssystems gewinnen, können durch die mittel- und langfristigen Folgen eines Verlustes von bedeutenden Akteuren aus Ihrem Netzwerk vernichtet werden.

Die Chaosphase bietet aber auch Chancen. Da sich noch keine festen Narrative gebildet haben, bietet eventuell das Internet Abhilfe. Hier kursieren eine Vielzahl von Lösungsmöglichkeiten und Versuchen, die Situation überhaupt erst einmal verstehen zu können. Eine detaillierte Analyse bei den sich häufig widersprechenden Informationen ist in diesem Fall unabdingbar. Dafür können Sie ein Virtual Operation Support Team um Amtshilfe bitten (▶ Kapitel 6.2).

## 5.2 Komplexe Situation

Komplexe Situationen sind dynamisch und ihr Verlauf ist nicht vorhersagbar (vgl. Covid-19-Pandemie). Richtige Antworten sind nicht bekannt. Viele Antworten konkurrieren miteinander. Kreative und innovative Herangehensweisen werden notwendig. Komplexe Situationen benötigen umfangreiche Untersuchungen, um Lösungen zu finden. Sie als politisch verantwortliche Führungskraft müssen deshalb ein Umfeld erzeugen, in dem sich Experten mit (Teil-)Fragestellungen der Krise intensiv beschäftigen können. Zeit und eine spezielle Organisation werden dafür benötigt. Führungsgremien/Stäbe sind dafür geeignet und Sie sollten diese nutzen. Sie sollten sich mit Ihrem Umfeld intensiv austauschen. Kreativtechniken (wie Brainstorming) fördern ein vielfältiges und differenziertes Denken.

In dieser Phase müssen Sie darauf achten, dass Sie nicht in den Führungsstil der Chaosphase zurückfallen. Diese Gefahr besteht für jede Führungskraft, besonders wenn sie gerade in der Chaosphase erfolgreich geführt hat. Sie müssen nun auch Ihren Fokus von der Ebene der Krisenbewältigung sukzessive auf eine Metaebene heben. Jetzt sollten Sie sich mehr auf Strukturen als auf Fakten konzentrieren. Sie müssen diesen Wechsel unbedingt durchführen – Sie müssen sich an den eigenen Haaren aus dem Sumpf des Mikromanagements herausziehen. Andernfalls werden Sie nicht in der Lage sein, Ihren wesentlichen Aufgaben gerecht zu werden. Für das Mikromanagement stehen Ihnen unterstellte, gut ausgebildete Führungskräfte der Ämter und Organisationen (wie den Feuerwehren) zur Verfügung. Geduld, Zeit zur Reflexion und das Führen mit Auftrag sind die Schlüssel zum Erfolg.

## 5.3 Komplizierte Situation

Ist die Ursache-Wirkung-Beziehung ermittelbar, aber nicht für jeden sofort einsichtig und sind mehrere Antworten als richtige Antwort möglich, sprechen Snowden und Boone von einer komplizierten Situation (vgl. Afrikanische Schweinepest). Für die Analyse der Ursache-Wirkung-Beziehung sind Experten erforderlich. Wenn Ihnen als politisch verantwortliche Führungskraft die erforderliche Expertise bei der Entscheidungsfindung zur Verfügung steht, bilden komplizierte Situationen keine Herausforderung. Sie müssen nicht mehr eigene Ideen einbringen, sondern vielmehr Ihre Expertengruppen animieren, coachen und evaluieren. Letztere neigen häufig zu großer Selbstsicherheit bis hin zur Selbstverliebtheit in ihre eigenen Lösungen bzw. in die Wirksamkeit ehemaliger Lösungen. Ihre Aufgabe ist es, die Vorschläge der Experten zu hinterfragen, ohne allerdings in die sogenannte Analyse-Paralyse zu verfallen. Beachten und bewerten Sie Ratschläge unterschiedlicher – auch Nichtexperten – Gruppen. Ihr gesunder Menschenverstand ist dabei eine wertvolle Messlatte. Und versetzen Sie sich in die Situation der Betroffenen bei der Bewertung der unterschiedlichen Vorschläge.

Die Gefahr, Teil einer Expertengruppe zu werden und somit nicht mehr Ihren Aufgaben als »Controlling-Instanz« nachkommen zu können, entgehen Sie am ehesten, wenn Sie mit Auftrag führen. Ermutigen Sie Ihre Mitarbeiter Expertenmeinungen anzuzweifeln, um das »mitgerissene Wissen« zu bekämpfen. Animieren Sie alle, auch außerhalb der Box zu denken. Etablieren Sie Gruppenarbeit, in denen Kreativtechniken genutzt werden.

## 5.4 Einfache Situation

Einfache Situationen zeichnen sich durch bekannte Strukturen und widerspruchsfreie Ereignisse aus (vgl. Waldbrandereignis in Lübtheen auf munitionsbelasteten Gebiet). Es besteht eine klare Ursache-Wirkung-Beziehung und es existieren für jeden einsichtig richtige Antworten. Ihre Aufgaben in einfachen Situationen beschränken sich im Wesentlichen auf überwachende, hinterfragende und steuernde Tätigkeiten. Delegieren Sie Aufgaben so umfangreich wie möglich. Eine umfangreiche interaktive Kommunikation ist nun nicht mehr nötig. Nur wenn Sie gravierende, das Einsatzziel gefährdende Fehler erkennen, greifen Sie ein. Führen mit Auftrag bedeutet, dass Sie die Ziele vorgeben. Über den Weg, wie diese erreicht werden, entscheiden die Ihnen unterstellten Führungskräfte aus Verwaltung und den BOS. Achten Sie auf Selbstgefälligkeit und »mitgerissenes Wissen«. Blindes Vertrauen in Best Practices oder Standardeinsatzregeln können die gesamte vorherige Arbeit zunichte machen. Dies kann besonders dann auftreten, wenn Sie ein fehlerhaftes Situationsbewusstsein haben – die Entwicklung der Lage falsch einschätzen. Glauben Sie nie, dass die Dinge einfach sind. Etablieren Sie deshalb Kommunikationskanäle, in denen Orthodoxien infrage gestellt werden können. Hier bietet das Internet in Form von Social Media, Online-Foren, Blogs, Podcasts, Online-Diskussionsrunden, Wikis oder Crowdsourcing-Plattformen eine Reihe von guten Möglichkeiten.

Auch wenn Sie einsatztaktisch nichts mehr zu entscheiden haben, verlieren Sie nie den Kontakt zu den Einsatzkräften vor Ort und den Betroffenen (▶ Kapitel 2.3). Aber verfallen Sie dabei nicht dem Mikromanagement.

# 6 Informations- und Wissensmanagement – Kernkompetenz der KGS, Notwendigkeit für den Einsatzleiter

Ein effektives Informations- und Wissensmanagement ist das Fundament von guten Entscheidungen und damit eines erfolgreichen Krisenmanagements. Nur sehr selten wird es vorkommen, dass auf der Grundlage von falschen Informationen die richtigen Entscheidungen getroffen werden. Obwohl Informations- und Wissensmanagement eine der beiden Kernkompetenzen der KGS[3] (im operativ-taktischen Stab der Bereich S2) ist, sind alle Stabsmitglieder für ein gutes Wissensmanagement verantwortlich.

## 6.1 Aus Daten Wissen generieren

»Weise ist, wer nützliche Dinge weiß;
nicht, wer viel weiß.« (Aeschylus)

Sie werden in einer Krise niemals alle notwendigen Informationen zur Bewältigung der Krise vollständig vorliegen haben. Wie in Kapitel 6.3 beschrieben, sind Informationen und das daraus generierte Wissen die Schlüssel-Ressource im Krisenmanagement. Fausto Marincioni (2007) führte folgende Unterscheidungen ein:

- **Daten:** grundlegende unorganisierte Fakten,
- **Informationen:** organisierte Daten,
- **Wissen:** verstandene Informationen,
- **Weisheit:** Auslese, basierend auf Verstehen, Erfahrungen und Prinzipien.

Entscheidend für das Verständnis einer Lage und somit für die Entscheidungsfindung ist es, die Unmengen an Daten in nutz- und brauchbares Wissen zu transformieren. Aus den vorhandenen Daten Informationen zu generieren, ist Aufgabe der »Lage«, sprich der Koordinierungsgruppe Stab eines administrativ-organisatorischen oder des S2 in einem operativ-taktischen Stab bzw. in einem Gesamtstab. Dafür stehen Ihnen heute einige Computer-Tools und erste KI-Anwendungen zur Verfügung. Aus diesen

---

3 Koordinierungsgruppe Stab

## 6.1 Aus Daten Wissen generieren

Informationen Wissen zu erzeugen, bedarf der Mitarbeit aller in der Krisenbewältigung involvierten Personen.

**Daten**
Die Personen, die mit der Beschaffung von Daten beauftragt sind, sollten sich stets folgende Fragen stellen:

- **Verfügen wir über alle Daten, die wir derzeit benötigen oder gibt es »blinde Flecken«?**
  Was bedeutet es zum Beispiel, wenn aus einem Bereich Ihres Zuständigkeitsgebietes über Schäden berichtet wird, aber aus einem anderen gar keine Daten vorliegen? Wurde letzterer von der Krise nicht getroffen? Oder sind die Kommunikationswege unterbrochen? Oder sind die Menschen dort so mit der Krise beschäftigt, dass sie keine Zeit haben, darüber zu berichten?
- **Kann aus den Daten ein Sinn erzeugt werden? Kann aus ihnen ein Gesamtbild der Krise generiert werden?**
  Als Datenquellen sollten alle zur Verfügung stehenden Quellen – also auch Social Media – genutzt werden. Die technischen Möglichkeiten zur Auswertung von Big Data entwickeln sich derzeit sehr rasant (z. B. Scatter-Blogs, das in dem BMBF Forschungsprojekt VASA entwickelt wurde). Aber auch der Einsatz einer Vielzahl von Menschen (sogenannten Digital Volunteers, wie z. B. die Virtual Operation Support Teams) zur Big Data Analyse hat sich bisher sehr gut bewährt.

**Informationen**
Um Informationen aus den Daten zu generieren, helfen folgende Fragen:

- **Welche Absicht hat derjenige, der die Daten ermittelt und dann verbreitet?**
  Gerade bei politisch brisanten Fragestellungen kann die Beantwortung dieser Frage entscheidende Bedeutung bei der Bewertung der Daten haben. Denken Sie zum Beispiel an repräsentative Umfragen. Gerade bei den Social Media wird diese Frage immer wieder aufgeworfen (z. B. die Desinformationskampagnen der russischen Regierung seit dem US-Wahlkampf 2016, Anti-Impf-Kampagnen während der Covid-19-Pandemie). Aber auch bei den »klassischen« Informationsquellen, wie Notrufe, sollte man stets diese Frage beantworten.

- **Welche der erhobenen Daten wurden analysiert? Welche Methoden der Analyse wurden dabei verwendet?**
  Diese Frage ist schwer zu beantworten, wenn man auf Informationen Dritter zurückgreift. Dies gilt sowohl bei »offiziellen« Quellen, wie z. B. den Polizeien oder dem Nachbarkreis, als auch bei »inoffiziellen« Quellen, wie bspw. die von Spontanhelfenden erstellte Hochwasserkarte von Halle während des Elbehochwassers 2013 (Falgowski, 2013).
- **Wurden die erkannten Fehler aus den Daten entfernt?**
  Ob beabsichtigt oder unbeabsichtigt, das Nicht-Löschen von Fehlern kann Informationen erheblich verfälschen.
- **Wurden die Daten zusammengefasst und wenn ja, wie?**
  Eine häufig verwendete Methode ist die Bildung eines Mittelwertes. Wenn Sie das mittlere Gewicht von 1 000 auf der gesamten Welt zufällig ausgewählten Menschen berechnen und dann der Gruppe noch den schwersten Menschen der Welt hinzufügen, wird sich der Mittelwert nicht signifikant ändern. Wenn Sie das gleiche Verfahren allerdings mit dem mittleren Einkommen anstatt des mittleren Gewichtes durchführen, wird sich dieser Wert erheblich ändern.

Zusammengefasste Informationen sind in der Regel notwendig, um die Informationen in einer Lagebesprechung adressatengerecht präsentieren zu können (von Kaufmann, 2012).

**Merke:**
Sorgen Sie dafür, dass Informationen nicht nur vertikal entlang der Organisationslinien der einzelnen Akteure fließen, sondern auch horizontal auf jeder Ebene von Akteur zu Akteur.

**Wissen**
Alle Stabsmitglieder sind aufgefordert an der Transformation von Informationen zu Wissen teilzunehmen. Dabei sollten sie nicht nur ihre Kenntnisse entsprechend ihrer Funktion in der Krisenorganisation einbringen, sondern all ihre Kenntnisse. Gerade die Kenntnisse aus dem beruflichen Umfeld ehrenamtlicher Stabsmitglieder kann von entscheidender Bedeutung sein (▶ Kapitel 7). In Krisen sollten alle unterschiedlichen Arten von Wissen (▶ Bild 11) genutzt werden. Durch die Befragung aller Stabsmitglieder können Sie das offen strukturierte/konzentrierte Wissen nutzbar machen. Während der Einsatz-Grobplanung (▶ Kapitel 7) wird das offen, strukturierte/diffuse

## 6.1 Aus Daten Wissen generieren

und das stillschweigend, unstrukturierte/diffuse Wissen eingebracht. Nutzen Sie Informationsquellen außerhalb des Stabes, wie z. B. die Intuition der Crowd für die Bewältigung der Krise (Karsten, 2013).

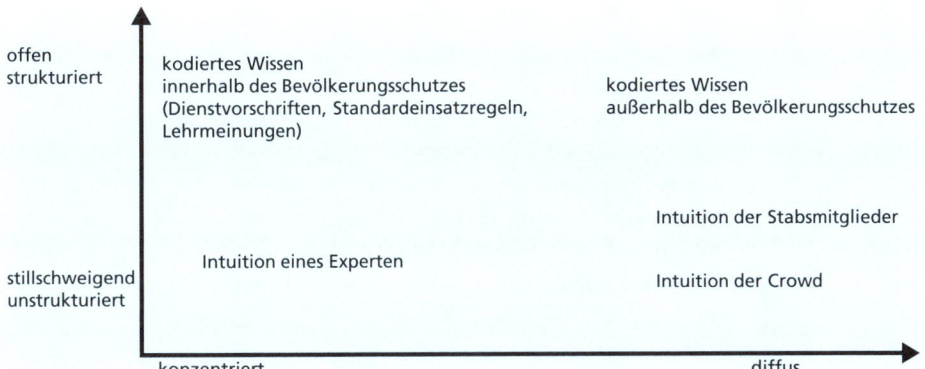

**Bild 11:** *Arten von Wissen nach Ihrig/MacMillan (2015)*

Während der Transformation von Informationen zu Wissen sollten Sie folgende Fragen beantworten:

- **Wie stehen Ihre Informationen über diese Krise in Bezug zu bekannten anderen Situationen?**
  Stimmen Ihre Informationen mit Ihren Erfahrungen überein oder ist eine erweiterte Datenermittlung notwendig (▶ Kapitel 8.3)? Beachten Sie dabei, dass eine menschliche kognitive Schwäche darin besteht, dass wir dazu neigen, Informationen, die unseren Erwartungen entsprechen, eher wahrzunehmen als solche, die diesen widersprechen.
- **Welchen Einfluss haben Ihre Informationen auf Entscheidungen und Taten?**
  Informationen, die keinerlei Einfluss auf unsere weiteren Entscheidungen und Taten haben, sind nutzlos und aus ihnen muss auch kein Wissen generiert werden. In Lagebesprechungen haben nutzlose Informationen nicht nur einen hemmenden Charakter, sondern sie können auch einen destruktiven Einfluss auf die Entscheider ausüben. Dieses sollte jedem bewusst sein, der in einer Lagebesprechung zu Wort kommt.

- **Welche Korrelationen bestehen zwischen dem Wissen über die Krise zu anderem Wissen?**
  Die Antwort dieser Frage zeigt den Sinn, die Bedeutung, das große Bild der Situation auf. Was geht eigentlich vor? Um was für eine Krise handelt es sich?
- **Was denken andere Personen/Führungsgremien über Ihr Wissen?**
  Mittels der letzten Frage soll versucht werden, ein möglichst gemeinsames Situationsbewusstsein zwischen den verschiedenen Akteuren zu erzeugen. Unterschiedliches Situationsbewusstsein führt unter Umständen zu sich widersprechenden Anordnungen der Behörden (vgl. z. B. die behördlichen Anordnungen bei überörtlichen Krisenlagen wie der Atomkatastrophe in Tschernobyl 1986, der EHEC-Epidemie 2011 oder der Covid-19-Pandemie 2020).

Auf jede Führungskraft – vor Ort wie auch in Stäben – strömen heutzutage eine Unmenge von Daten und Informationen ein:
- Lagemeldungen,
- Informationen aus dem Verwaltungsstab bzw. dem Führungsstab,
- Informationen von anderen Behörden (Polizei, Bundeswehr, ...),
- Fernsehsender und Rundfunk, die in Echtzeit berichten,
- Social Media,
- Internet (z. B. Nachschlagewerke, Wikis),
- Einsatzunterlagen (teilweise sehr umfangreich in Computern gespeichert)
- und nicht zu vergessen: Informationen aus dem eigenen Verstand.

Eine dieser Informationsquellen nicht zu nutzen, dürfte sicherlich nicht nur von der Öffentlichkeit als fahrlässig betrachtet werden. Diese Flut von Informationen ist so zu verarbeiten, dass aus ihnen nutz- und brauchbares Wissen generiert wird, damit gute Entscheidungen getroffen werden. In der Regel übersteigt die Menge an Informationen und Daten die Fähigkeit des menschlichen Gehirns diese zu verarbeiten. Auch die zur Verfügung stehenden IT-Tools scheitern an der Verarbeitung dieser Flut von Informationen. Selbst mit Künstlicher Intelligenz wird man zukünftig nicht umher kommen, die Informations- und Datenmenge einzugrenzen. Im folgenden Abschnitt wird genauer beschrieben, wie man dem Informations-Overflow entgehen kann.

## 6.2 Reduzierung der Informationsflut

»*Als Regel ist festzuhalten, dass die Disposition [Befehl] alles das, aber auch nur das enthalten muss, was der Untergebene zur Erreichung eines bestimmten Zweckes nicht selbständig bestimmen kann.*« (Helmuth Karl Bernhard Graf von Moltke)

Das wesentliche »Werkzeug« zur Reduzierung der Informationsflut ist das »Halten von Informations-Disziplin«. Diese hat man sowohl als »Sender« wie auch als »Empfänger« stets einzuhalten. So muss jede unterstellte Führungskraft bei Lagemeldungen die Frage beantworten, welche Informationen für die übergeordnete Führungsebene wirklich relevant sind. Dazu muss sich die meldende Führungskraft in die Situation der höheren Führungsebene eindenken, was leichter fällt, wenn sie für die übergeordnete Führungsebene ausgebildet ist. Nicht nur aufgrund der technischen Entwicklungen verstärkt sich in der letzten Zeit der Drang von Führungskräften, möglichst viele Informationen vor der Entscheidungsfindung zu sammeln. Viele neue Techniken zur Informationsgewinnung kommen dann zum Einsatz: Life-Fernseh-, Satelliten- und Drohnen-Bilder sowie Informationen aus den Social Media. Aber welche Informationen werden wirklich zur Entscheidungsfindung benötigt? »Nice-to-Know«-Informationen sind nicht nur überflüssig, sondern verwirren und erschweren die Entscheidungsfindung und verbrauchen Ressourcen bei deren Ermittlung und Verarbeitung. Die Überflutung mit Informationen – speziell in kritischen Situationen und unter Stress – kann schnell zum Paralysieren der Empfänger führen oder deren Aufmerksamkeit von den entscheidenden zu unwichtigen Informationen lenken. Besonders gefährlich sind bewegte Bilder (Fernsehen, Drohnen etc.), die neben der Sachinformation auch eine Unmenge an Emotionen transportieren. Zusätzlich haben Planer mögliche Konsequenzen von Fake News zu beachten (vgl. Thomas-Theorem).

Zwei grundsätzlich unterschiedliche Daten- bzw. Informationsquellen sind zu unterscheiden:

- **amtliche Quellen:**
  Viele Daten werden vor Ort erhoben und in technisch-taktischen bzw. operativ-taktischen Führungsgremien in (Teil-)Informationen und (Teil-)Wissen umgewandelt. Diese werden dann mittels Lagemeldungen und Unterrichtungen an andere Führungsgremien geteilt. Das Verstehen von Informationen durch die Adressaten kann durch ein standardisiertes Meldewesen erheblich verbessert werden (▶ Kapitel 4.2).

- **nicht-amtliche Quellen:**
  Social Media als Informationsquelle hat sowohl einen positiven wie auch einen negativen Einfluss auf die Bildung des Situationsbewusstseins. Zum einen bietet Social Media eine neue Informationsquelle, die allerdings aufgrund der großen Datenmenge nur schwer erschließbar ist. Neben technischen Möglichkeiten der Big Data Analyse bietet sich auch die Auswertung durch besonders geschulte Angehörige der »Virtual Operation Support Teams« an (z. B. VOST DEU des THW, VOST BW, VOST HH). Die Kehrseite von Social Media ist, dass darin viel mehr unwichtige als wichtige Informationen zu finden sind und dass die sozialen Medien vermehrt genutzt werden, um Gerüchte und Propaganda zu verbreiten. Eine automatisierte bzw. teilautomatisierte Auswertung von Social Media-Kanälen kann allerdings dazu führen, dass Krisen schon sehr früh erkannt werden. Black Swans wiederum können damit auch nicht erkannt werden, da niemand wissen kann, nach welchen Mustern man schauen muss. Durch eine Komplexitätsreduzierung kann die Datenflut aus nicht-amtlichen Quellen so beschränkt werden, dass sie von Führungskräften handhabbar wird.

Alle Informationen müssen den jeweiligen Führungskräften nahegebracht werden. Dazu dienen unter anderem Lagebesprechungen. Der Stress für diese Personen während der Lagebesprechungen kann wiederum mittels Standardisierung reduziert werden.

**Tipps zur Reduzierung der Informationsmenge:**
- Geben Sie eine Krisenstrategie vor!
- Geben Sie vor, worüber Sie wann und wie informiert werden möchten.
- Achten Sie darauf, dass Ihre Wünsche (Regeln) eingehalten werden.
- Halten Sie selbst diese Regeln ein – Seien Sie Vorbild!

### 6.2.1 Lagemeldung und Unterrichtungen

Lagemeldungen und Unterrichtungen sind die Werkzeuge, um zwischen verschiedenen Führungsgremien ein gemeinsames Situationsbewusstsein zu erzeugen. Lagemeldungen verfassen unterstellte Gremien für ihre vorgesetzten Gremien;

## 6.2 Reduzierung der Informationsflut

Unterrichtungen sind für unterstellte Führungskräfte bzw. solche anderer Behörden bestimmt. Für beide gilt eine Bringschuld. Folgende Ziele werden mit ihnen verfolgt:

- **Die Empfänger verstehen den Inhalt:**
  Deshalb ist nur die (Fach-)Sprache zu verwenden, die der Empfänger auch versteht. Angehörige der Feuerwehren, der Hilfsorganisationen, der Verwaltungen oder Spontanhelfende denken unterschiedlich. Deshalb ist der Sprachstil entsprechend anzupassen.
- **Die Empfänger können den Inhalt für ihre Aufgaben nutzen:**
  Nicht der Absender sondern der Empfänger bestimmt den Inhalt und die Art und Weise der Aufbereitung des Inhalts (beim Angeln muss der Köder dem Fisch und nicht dem Fischer schmecken).
- **Die Empfänger werden animiert, das Notwendige zu tun:**
  Gerade in Unterrichtungen können keine Befehle vermittelt werden. Häufig können Sie aber indirekt durch eine entsprechende Meldung Ihr Ziel erreichen, dass der Empfänger so handelt, wie Sie es gerne wünschen.

Jede Meldung ist also genau auf den Empfänger zuzuschneiden. Als politisch verantwortliche Führungskraft werden Sie eher selten Meldungen verfassen. Dafür haben Sie Ihre Mitarbeiter in der Koordinierungsgruppe Stab oder im Bereich S2. Aber der Leiter des verfassenden Führungsgremiums ist für den Inhalt und den Versand verantwortlich. Deshalb sollte es zur Selbstverständlichkeit werden, dass dem Leiter die Meldungen vor dem Versand zur Freigabe vorgelegt werden.

Wissenschaftliche Untersuchungen zeigen, dass der Mensch, wenn ihm mehrere Informationen vermittelt werden, am besten die behält, die ihm als erstes und als letztes präsentiert werden. Dies sollte beim Verfassen von Meldungen berücksichtigt werden. Bilder und Grafiken können sowohl schnell ein klares Bild der Situation vermitteln, aber auch zur totalen Konfusion (vgl. »Afghan Spaghetti Bowl« Bumiller 2010) beitragen. Da die Informationen in der Regel unter Stress vom Empfänger aufgenommen werden müssen, sollte die Form der Informationsvermittlung einheitlich, gleichbleibend, standardisiert und schon allen Beteiligten im Vorfeld der Krisenbewältigung bekannt sein. Ein prinzipieller Aufbau, der sich an dem Prozess der Entscheidungsfindung orientiert, hat sich bewährt. Im Folgenden werden die einzelnen Abschnitte detailliert dargestellt:

- **Übersicht:** Executive Summary
- **Erster Informationsblock: Krisensituation:** Was ist passiert?
- **Zweiter Informationsblock: Eigene Situation:** Wie stehen wir da?
- **Prognose:** Was wird bis zur nächsten Meldung vermutlich geschehen?

# 6 Informations- und Wissensmanagement

Da Meldungen während einer Krise mehrfach versendet werden, sollten Sie es dem Empfänger so einfach wie möglich machen, die Informationen aufzunehmen. Dazu ist es angebracht, Meldungen durchzunummerieren und mit Datum und Uhrzeit des Verfassens zu versehen. Auch sollten Sie die Veränderungen zu der letzten vorherigen Meldung deutlich kennzeichnen. Bei unveränderten Situationsbeschreibungen setzen Sie das Wort »unverändert« voran. So sieht der Empfänger sofort, es hat sich nichts verändert. Und ist ihm die Situation noch im Bewusstsein, kann er diesen Punkt überspringen.

Das Verfassen einer Meldung benötigt Zeit und Konzentration. »Schnell mal geschriebene« Berichte, die evtl. mehrdeutig sind und Missverständnisse beim Empfänger hervorrufen, können erhebliche Schäden verursachen. Deshalb ist es angezigt, dass die vorgesetzten Führungsgremien einen Rhythmus vorgeben (▶ Kapitel 4.2). Allerdings muss **sofort Meldung** gemacht werden, wenn sich die Situation entscheidend und für den Adressaten bedeutend verändert.

**Übersicht**
Auf der ersten Seite wird neben der Nummerierung und Zeit des Abfassens der Meldung das große Bild dargestellt. Kurz und bündig werden die wesentlichen Informationen der gesamten Meldung zusammengefasst. Beschreiben Sie den Wald und nicht die Bäume. Wichtig ist, dass schnell ersichtlich wird, wie kritisch die Situation ist und wie sie sich weiterentwickeln wird. Vorteilhaft ist es, wenn das Datum und die Verfassungszeit der vorherigen Meldung angegeben werden, damit der Empfänger schnell die Dynamik der Krisenentwicklung nachvollziehen kann.

In der Übersicht sollte sich der Verfasser auf die Veränderungen gegenüber der vorherigen Meldung konzentrieren. Um einen schnellen Überblick zu bekommen, reicht eine symbolische Angabe (als Beispiel die Meldung einer TEL an den Führungsstab, ▶ Bild 12):

- »Situation unverändert«: gelb
- »Situation verbessert«: grün
- »Situation verschlechtert«: rot

Diese Situationsbeschreibung erfolgt getrennt einmal für die Entwicklung der Krise und einmal für die eigene Bewältigungssituation. Daran schließt die Prognose an. Wie wird sich die Situation nach der eigenen Einschätzung bis zur nächsten Meldung verändern? Prognosen sind entscheidend für die weitere Planung und somit Entscheidungsfindung (▶ Kapitel 7). Auch hier kann auf eine Ampelsymbolik (rot: Situation wird sich verschlechtern; gelb: keine Änderung der Situation; grün: Situation wird sich verbessern) zurückgegriffen werden. Abschließend werden

### 6.2 Reduzierung der Informationsflut

Nach-, Anforderungen, Anträge, Bitten um Amtshilfe bzw. Unterstützung usw. angeführt.

**Lagemeldung Nr. A der TEL XY an den Führungsstab des Landkreises Z**
**Datum, Uhrzeit:**
Datum und Uhrzeit der vorherigen Lagemeldung

| Stand: | schlecht | entsprechend | gut |
|---|---|---|---|
| Schadenlage | ☐ | ☐ | ☐ |
| Eigene Lage | ☐ | ☐ | ☐ |

| Entwicklung seit der letzten Lagemeldung: | verschlechtert | gleich | verbessert |
|---|---|---|---|
| Schadenlage | ☐ | ☐ | ☐ |
| Eigene Lage | ☐ | ☐ | ☐ |

**Nach- und Anforderungen**
Wer muss bis wann im eigenen Bereitstellungsraum einsatzbereit zur Verfügung stehen?

Bild 12:   *Lagemeldung: Übersicht*

**Merke:**
Frage nicht, was haben wir veranlasst, sondern:
- »Was wurde vor Ort erreicht?«
- »Hat sich die Situation für die Betroffenen verbessert?«
- »Wenn ja, warum? Durch unsere Maßnahmen oder trotz unserer Maßnahmen?«

**Erster Informationsblock – Situationsbeschreibung der Krise**
Im ersten Informationsblock werden die Krise und die Folgen ausführlich beschrieben (▶ Bild 13). Dazu gehört der Auftrag für das Führungsgremium sowie eine Beschreibung der Situation zum Zeitpunkt des Verfassens der Meldung.

# 6 Informations- und Wissensmanagement

**Auftrag**
Datum und Uhrzeit der vorherigen Lagemeldung:

Allgemeine Lage
☐ keine gravierende Änderung gegenüber der letzten Meldung
☐ folgende gravierende Änderungen sind eingetreten:

|  | Personenschäden, Betroffene: | Personenschäden, eigene Kräfte: |
|---|---|---|
| Fakt | ☐ | ☐ |
| begründete Annahme | ☐ | ☐ |
| Gerücht (eher wahr) | ☐ | ☐ |
| Gerücht (eher unwahr) | ☐ | ☐ |
| Fake News | ☐ | ☐ |
|  | **gerettete Personen** | **Schäden an Tieren/Umwelt** |
| Fakt | ☐ | ☐ |
| begründete Annahme | ☐ | ☐ |
| Gerücht (eher wahr) | ☐ | ☐ |
| Gerücht (eher unwahr) | ☐ | ☐ |
| Fake News | ☐ | ☐ |
|  | **Schäden an Kritischen Infrastrukturen** | **sonstige Schäden** |
| Fakt | ☐ | ☐ |
| begründete Annahme | ☐ | ☐ |
| Gerücht (eher wahr) | ☐ | ☐ |
| Gerücht (eher unwahr) | ☐ | ☐ |
| Fake News | ☐ | ☐ |

Bild 13: *Lagemeldung: Krisenbeschreibung*

In den Informationsblöcken ist die Situation vollständig, aber trotzdem knapp und bündig zu beschreiben. Unter dem Stress, der während einer Krise herrscht, liest

## 6.2 Reduzierung der Informationsflut

niemand gerne langatmige und abschweifende Berichte. Es darf allerdings nicht versucht werden, den Wunsch nach Kürze mittels einer unverständlichen Fachsprache zu befriedigen. Gerade Fachleute neigen häufig dazu, Fachbegriffe und Abkürzungen zu nutzen, die kaum jemand außer sie selbst verstehen. Falls Sie solch eine »Geheimsprache« nutzen möchten, vergewissern Sie sich vorab, ob alle Empfänger auch dieser Geheimsprache mächtig sind. Ziel einer Meldung ist es ja nicht, zu zeigen, wie genial Sie sind, sondern dass die Empfänger verstehen, was Sie mitteilen möchten. Gerade wenn man Meldungen für andere Behörden schreibt, sollte bei den Formulierungen genau aufgepasst werden. So wissen z. B. nicht alle Feuerwehrangehörigen in Mecklenburg-Vorpommern, welche Unterschiede zwischen einer Feuerwehrbereitschaft aus Niedersachsen und Nordrhein-Westfalen bestehen. Verbindungspersonen anderer Behörden können oftmals – aber nicht immer – zwischen den verschiedenen »Fachsprachen« übersetzen.

**Merke:**

Wie allgemein in Situationen, in denen Menschen unter hohem Stress agieren, sollte man den Grundsatz KISS, »Keep it simple (and) stupid« auch bei dem Verfassen von Meldungen beherzigen.

Die allgemeine Lage und der Auftrag werden sich nur von Zeit zu Zeit ändern. Die Krisensituation kann hingegen sehr dynamisch sein. Deshalb ist auf diesen Bereich ein besonderes Augenmerk zu richten. In Krisensituationen sollte man sich nicht nur auf die gesicherten Informationen der eigenen Führungskräfte oder derjenigen anderer BOS verlassen. Um ein umfassendes und zeitnahes Bild der Situation zu erhalten, sind auch andere Quellen hinzuzuziehen. Da die Glaubwürdigkeit aber eine andere ist, sollte eine entsprechende Qualifizierung der Information erfolgen, z. B.:

- Fakten,
- begründete Annahmen,
- Gerüchte (eher wahr),
- Gerüchte (eher unwahr),
- Fake News, alternative Fakten, …

Bei den Angaben von Schadensumfängen (z. B. Personenschäden) sollte weder der Verfasser noch der Empfänger zu kleinlich sein. Gerundete Zahlen reichen für die weitere Planung und somit der zukünftigen Entscheidungsfindung in der Regel aus. Hinzu kommt, dass sich in dynamischen Lagen die Zahlen sehr schnell verändern

# 6 Informations- und Wissensmanagement

können und deshalb gemeldete Zahlen nie der derzeitigen Situation entsprechen. Exakte Zahlen bleiben der Abschlussmeldung vorbehalten.

**Zweiter Informationsblock – Beschreibung der eigenen Situation**

Auch bei der Beschreibung der grundlegenden Aufgabenbereiche – Personal, Ressourcen, Kommunikation – sollte eine Ampelsymbolik benutzt werden (▶ Bild 14). Dabei ist immer der derzeitige Einsatzwert und nicht die Fähigkeiten der Vor-Krisen-Zeit anzugeben. Es ist die physische und psychische Beanspruchung aller Handelnden und der bisherige Verbrauch an Ressourcen zu berücksichtigen. Mittels der Ampelsymbolik bekommt jeder schnell einen Überblick. Genaue Zahlen sind nur für die entsprechenden Fachleute interessant und werden deshalb auch erst im späteren Verlauf der Meldung quantifiziert.

**Eigene Lage:**
Datum und Uhrzeit der vorherigen Lagemeldung:

| Entwicklung seit der letzten Lagemeldung: | verschlechtert | gleich | verbessert |
|---|---|---|---|
| Personal | ☐ | ☐ | ☐ |
| Ressourcen | ☐ | ☐ | ☐ |
| Kommunikation | ☐ | ☐ | ☐ |
| Einsatzschwerpunkt | ... | ... | ... |
| Eingeleitete Maßnahmen | ... | ... | ... |
| Ort der eigenen Bereitstellungsräume | ... | ... | ... |
| Ort der eigenen Ruheräume | ... | ... | ... |
| Anfahrtswege zu den Bereitstellungsräumen | ... | ... | ... |
| Rettungswege | ... | ... | ... |
| Geplante Einsatzdauer | ... | ... | ... |

| Personalstatistik | Feuerwehr | THW | HiOrgs | Polizei | Bundeswehr | Spontanhelfer |
|---|---|---|---|---|---|---|

Bild 14: *Lagemeldung: eigene Situation*

## 6.2 Reduzierung der Informationsflut

Des Weiteren sind die bisherigen Maßnahmen zu beschreiben. Dabei sollten besonders die Ziele, Schwerpunkte, eingeleiteten Maßnahmen mit deren bisherigen Ergebnissen, ggf. die Raumordnung und die geschätzte Einsatzdauer angegeben werden. Je nach Lage ist es sinnvoller, die Maßnahmen örtlich/zeitlich oder nach handelnden Organisationen (z. B. Ordnungsamt, Gesundheitsamt, Feuerwehr, Grünflächenamt) zu strukturieren. Ist allerdings erst einmal ein Aufbau der Meldung gewählt, sollte dieser möglichst beibehalten werden, um den Stress für die Empfänger nicht zu erhöhen.

### Prognoseblock

Zuerst sind die Prognosen (▶ Kapitel 7) anzugeben, die die weitere Entwicklung bei Erfolg (Best Case) bzw. bei Misserfolg (Worst Case) der bisher eingeleiteten Maßnahmen beschreiben. Als nächstes sind die neu geplanten Maßnahmen zu beschreiben. Und abschließend sind die Ergebnisse bei erfolgreicher bzw. erfolgloser Umsetzung zu prognostizieren. Bei den geplanten Maßnahmen ist getrennt nach kurz-, mittel- und langfristig einzuleitenden bzw. Erfolg zeigenden Maßnahmen zu unterscheiden (▶ Bild 15).

## Prognose

**Schadenlage**
Wahrscheinliche Entwicklung                    Worst-Case-Entwicklung

**Eigene Lage**
Wahrscheinliche Entwicklung                    Worst-Case-Entwicklung


**Geplantes Vorgehen (mittelfristig)**


**Geplantes Vorgehen (langfristig)**

**Bild 15:** *Lagemeldung: Prognose*

# 6 Informations- und Wissensmanagement

## 6.2.2 Komplexitätsreduzierung

Die Datenflut kann deutlich verringert werden, wenn man sich auf den Bereich des Informationsraumes konzentriert, der für die eigene Planung wichtig ist. Dies erreichen Sie, indem Sie die Komplexität der Krisensituation reduzieren. Dazu sollten Sie als politisch verantwortliche Führungskraft als erstes die Menge aller Optionen reduzieren. Durch eine klare, eindeutige Vorgabe einer Krisenstrategie wird die Anzahl der Handlungsoptionen erheblich reduziert (▶ Bild 16).

Eine Reduzierung der Komplexität des Situationsbewusstseins schränkt den notwendigen Informationsraum weiter ein. In Krisensituationen steht meistens nicht die Zeit zur Verfügung, eine Situation bis in Gänze zu analysieren. Es müssen vereinfachende Modelle genutzt werden. Ziel ist es, aus einer chaotischen oder komplexen Situation eine komplizierte und dann im besten Fall eine einfache zu generieren (▶ Kapitel 5). Durch die Reduzierungen der Komplexität erkaufen Sie sich Zeit zum Denken. Bezahlen müssen Sie dies mit einer Ungewissheit, die Sie erst im Laufe des Einsatzes abbauen können. Sollten Sie erkennen, dass Ihre vorherigen Entscheidungen nicht geeignet genug waren, so sind diese anzupassen oder sogar zu widerrufen.

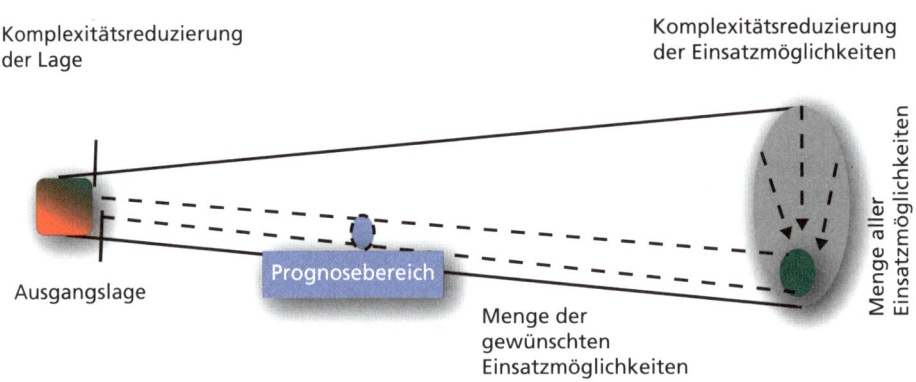

Bild 16: *Zweifache Komplexitätsreduzierung*

Im Laufe des Einsatzes sollten Sie den Informationsraum sukzessive erweitern und somit die Ungewissheit reduzieren. Dabei ist der Raum nicht nur in Richtung von weniger gewünschten Einsatzmöglichkeiten zu erweitern, sondern auch in Richtung von unwahrscheinlicheren Wirkungsentwicklungen. Um unerwartete Ereignisse zu finden (Black Swans), sollte die Suche auch zufallsgesteuert erweitert werden. D. h.

## 6.2 Reduzierung der Informationsflut

Sie sollten nach bisher unbekannten oder bisher als nicht relevant erkannten Informationen suchen. Mittels dieser beiden Methoden erweitern Sie den »Prognosebereichs-Korridor« und tasten sich durch den Informationsraum (▶ Bild 17).

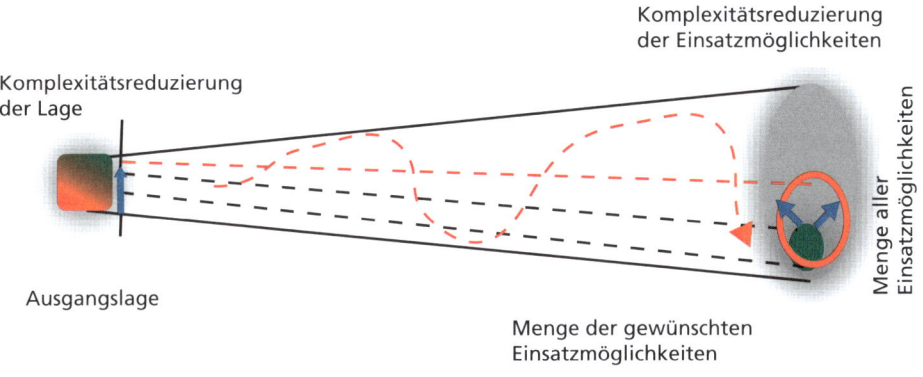

Bild 17: *Erweiterung des Informationsraumes*

### 6.2.3 Lagebesprechungen

Lagebesprechungen sind ein wichtiges Werkzeug der Krisenbewältigung in Gruppen. Sie dienen dazu, ein gemeinsames Situationsbewusstsein bei allen Anwesenden zu erzeugen. Grundsätzlich kann eine Lagebesprechung aus zwei verschieden aufgebauten Bestandteilen bestehen:
- Lagevortrag,
- zielgesteuerte Kurz-Diskussion (bei der ersten Lagebesprechung das Brainstorming) (▶ Kapitel 9.6).

Da im kommunalen Krisenmanagement Menschen mit unterschiedlichstem Background zusammenkommen, müssen alle Beiträge in einer von allen zu verstehenden Sprache erfolgen. Fachsprachen haben hier nichts zu suchen. Alle Anwesenden müssen den Inhalt verstehen und für ihre eigenen Aufgaben nutzen können. Zusätzlich soll die Lagebesprechung alle Anwesenden dazu motivieren, das Notwendige zu tun.

Da jedes Stabsmitglied auch unter Stress möglichst viele Informationen aufnehmen und reproduzieren können soll, sollte eine jedem bekannte, standardisierte

Form, die immer wieder genutzt wird, verwendet werden. Grundsätzlich gibt es zwei Arten von Lagebesprechungen:

- **Der Lagevortrag wird von eigens hierfür benannten Personen durchgeführt:**
  Diese Vorgehensweise ist besonders bei homogenen Stäben (wie den operativ-taktischen, ▶ Kapitel 9.2) geeignet. So schreibt die FwDV/DV 100 vor, dass das S2 die Lagebesprechung vorbereitet und das S3 sie durchführt.
- **Der Lagevortrag wird von allen Mitgliedern des Stabes durchgeführt:**
  Diese Art wird vor allem von heterogenen Stäben (wie den administrativ-organisatorischen) genutzt. Jedes Mitglied stellt die Punkte seines Aufgabenbereiches (Amtes) dar.

Die Stabsleitung hat sämtliche Informationen und Planungen kritisch zu hinterfragen (▶ Kapitel 9.4). Während einer Lagebesprechung ruhen sämtliche sonstige Tätigkeiten (besonders das Telefonieren), damit sich alle Anwesenden auf die Vorträge konzentrieren und keine wesentlichen Informationen verpassen. Ausgenommen von der Unterbrechung der allgemeinen Tätigkeiten ist nur der Bereich »Nachrichteneingang«, sprich die Koordinierungsgruppe Stab in administrativ-organisatorischen bzw. der Sichter in operativ-taktischen Stäben. Nachfragen und Wiederholungen von Aussagen sind aufgrund des Zeitdruckes so weit wie möglich zu vermeiden. Sollte jemand nichts Bedeutendes zu sagen haben, hat er den Mund zu halten. Selbstdarstellung der eigenen Brillanz hat in einem Krisenstab nichts zu suchen. Stäbe sind der politisch verantwortlichen Führungskraft dienende Gremien. Um die »Tätigkeitspause« möglichst gering zu halten, sollte eine Lagebesprechung in einem administrativ-organisatorischen Stab eine Stunde und in operativ-taktischen Stäben fünf Minuten nicht überschreiten. Zwei Stunden bzw. zehn Minuten müssen das absolute Maximum darstellen und sollten nur im Ausnahmefall (erstes Brainstorming, Stabsübergabe, erhebliche Änderung der Situation, …) erreicht werden. Um das Zeitlimit einhalten zu können, müssen die Lagebesprechungen von jedem entsprechend vorbereitet und straff organisiert durchgeführt werden. Dies verlangt von allen Anwesenden eine hohe Disziplin und Konzentration. Werden Lagebesprechungen zu ausschweifend, verringert sich nicht nur die effektive Arbeitszeit in den einzelnen Stabsbereichen. Zusätzlich kommt Langeweile auf, die Gedanken schweifen ab und wichtige Informationen werden nicht aufgenommen. Trotz der Kürze dürfen aber keine wichtigen Informationen verloren gehen.

## 6.2 Reduzierung der Informationsflut

**Lagevortrag in einem operativ-taktischen Stab als Beispiel**
Grundsätzlich tragen nur die Leiter des Stabes, S2, S3 und S5 vor (▶ Bild 18). Diese haben im Vorfeld der Besprechung von allen anderen Sachbereichen, Fachberatern und Verbindungspersonen die Informationen einzuholen. Letztere äußern sich während des Lagevortrags nur dann, wenn für den Einsatzerfolg entscheidende Fehler vorgetragen werden oder ihnen kurz vor der Besprechung wichtige neue Informationen bekannt geworden sind.

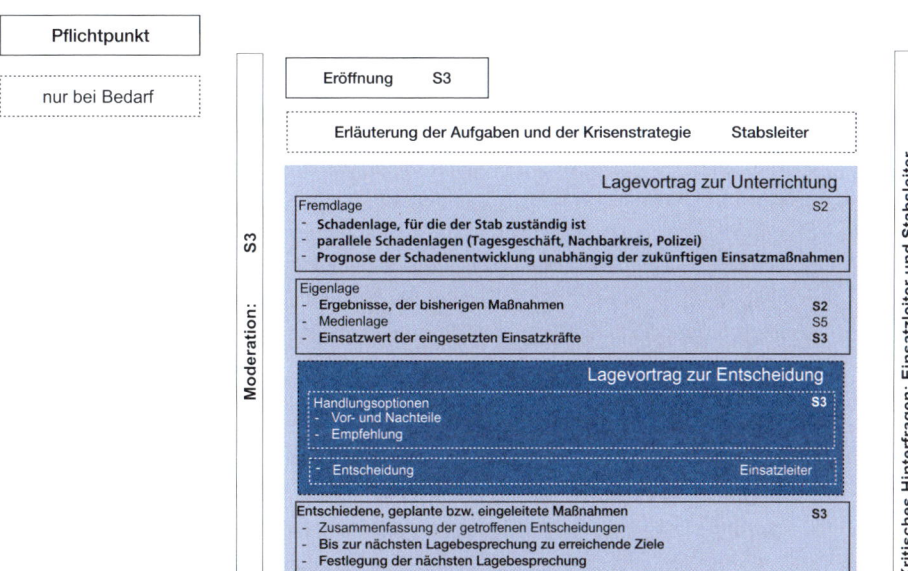

**Bild 18:** *Lagevortrag in einem operativ-taktischen Stab*

**Eine Lagebesprechung sollte folgendermaßen ablaufen:**
Die Lagebesprechung wird durch den Leiter der KGS bzw. das S3 moderiert, welcher diese auch eröffnet: Erfahrungsgemäß eignet sich zur Eröffnung die Nutzung eines akustischen Signals (Glocke). Jede Person im Stab stellt die Tätigkeit ein. So sind z. B. Telefonate zu beenden. Dies wird vom Gegenpart sicherlich nicht als unhöflich empfunden, wenn man frühzeitig im Gespräch darauf hinweist, dass in fünf Minuten eine Lagebesprechung beginnt und dann das Telefonat beendet sein muss.

Wenn jede Person ihre Aufmerksamkeit der Lagebesprechung widmet, beginnt diese. Falls notwendig, erläutert der Leiter des Stabes, die Aufgaben, die ihnen übertragen worden sind und die festgelegte Krisenstrategie: Der Einsatzleiter und der

Leiter des Stabes konzentrieren sich auf das kritische Hinterfragen von Informationen und Handlungsoptionen (▶Kapitel 9.4). Im Mittelpunkt einer Lagebesprechung stehen die Lagevorträge. Es gibt zwei Arten von Lagevorträgen: »Lagevortrag zur Unterrichtung« und »Lagevortrag zur Entscheidung«. Der zweite unterscheidet sich vom ersten durch die Darstellung von Einsatzalternativen durch die ständigen bzw. ereignisbezogenen Mitglieder des administrativ-organisatorischen Stabes (SMS/EMS) bzw. den S3 des operativ-taktischen Stabes und der darauffolgenden Entschlüsse des Einsatzleiters.

Auch beim Aufbau der Lagevorträge sollte beachtet werden, dass Menschen bei einer Vielzahl von Informationen die zuerst und die zuletzt präsentierten Informationen am besten behalten. Grafiken und Diagramme eignen sich auch sehr gut, um Informationen schnell zu vermitteln, an die sich die Informierten noch lange erinnern sollten. Dies gelingt aber nur, wenn diese die Grafiken und Diagramme auch verstehen können – nicht wie bei der sogenannten »Afghan Spaghetti Bowl« (Bumiller 2010). Drei getrennte Lagebeiträge werden von drei Stabsfunktionen präsentiert. Die »Fremdlage« wird durch die KGS bzw. den Stabsbereich S2 dargestellt. Dieser informiert die Stabsmitglieder über alle Sachverhalte, die nicht zu den geplanten oder noch nicht durchgeführten Bewältigungsmaßnahmen gehören. Als erstes berichtet er über die Schadenlage, die der Stab aufgrund seines Auftrages zu bearbeiten hat. Dann schildert er parallele Schadenlagen, wie die Polizeilage, die Schadenlage in benachbarten Kreisen und die Lage weiterer Behörden. Abschließend stellt es die Prognose vor, wie sich die Schadenlage weiter entwickeln würde, wenn keine neuen, noch nicht geplanten Einsatzmaßnahmen getroffen würden.

Die »Eigenlage« wird durch die KGS sowie die SMS/EMS[4] bzw. die Stabsbereiche S2, S3 und S5 geschildert. KGS/S2 stellt dar, was bisher erreicht wurde. Es beschreibt retrospektiv die:

- Ordnung des Raumes,
- die Führungsorganisation,
- die bisherigen Einsatzschwerpunkte,
- die Kräftelage (Soll und Ist),
- die eingeleiteten Maßnahmen und
- besonders die erzielten Ergebnisse.

---

4  SMS: Ständige Mitglieder des Stabes; EMS: Ereignisspezifische Mitglieder des Stabes

## 6.2 Reduzierung der Informationsflut

Das BuMA[5]/S5 stellt die »Medienlage« dar. Dabei steht im Mittelpunkt, wie die Medien (einschließlich Social Media) über die Handlungen der Gefahrenabwehrbehörde berichten. Vertrauen die Medien dem BuMA/S5 oder wird die Behörde kritisiert? Werden zusätzlich andere, neben den offiziellen Stellen, als kompetente Sachverständige dargestellt? Geben diese vielleicht sogar andere Empfehlungen als die offiziellen Stellen (vgl. die Mitteilungen des Robert-Koch-Instituts und den NDR-Blog mit Prof. Dr. Drosten)? Einsatztaktisches Ziel einer jeden Medienarbeit muss es sein, die Deutungshoheit zu behalten bzw. zu gewinnen. Nur so kann bei Bedarf die Bevölkerung zu einem bestimmten Verhalten (z. B. ein gewisses Gebiet zu verlassen) animiert werden (▶ Kapitel 10.1).

Wesentliche Aufgabe der SMS/EMS bzw. des S3 ist es, die zukünftige Planung darzustellen. Dazu ist zunächst eine Ist-Analyse des momentanen Einsatzwertes der eigenen Kräfte notwendig. Dabei sind neben dem Verbrauch der Einsatzmittel auch die physische und psychische Erschöpfung der Einsatzkräfte zu beachten. Bei einem Lagevortrag zur Entscheidung trägt nun ein SMS/EMS bzw. der S3 die durch den Stab erarbeiteten Handlungsoptionen vor. Dabei müssen deutlich die wesentlichen Vor- und Nachteile der verschiedenen Optionen dargestellt werden. Damit der Einsatzleiter auch wirklich eine Entscheidungsmöglichkeit hat, müssen mehrere realistisch umsetzbare Optionen vorgetragen werden. Der Vortragende (ein SMS/EMS bzw. der S3) schließt diesen Teil des Lagevortrages mit einer Handlungsempfehlung ab. Der Einsatzleiter legt auf Grundlage des Lagevortrages ggf. neue Einsatzziele, Prioritäten und eine neue Krisenstrategie fest und entscheidet, welche Handlungsoption umgesetzt werden soll. Diese sind nun die Grundlage für die weitere detaillierte Planung (▶ Kapitel 9.6).

Beide Lagevorträge werden vom Leiter der KGS bzw. dem S3 abgeschlossen. Der Fokus wird nun auf den Fortgang der Krisenreaktion gelegt. Es werden nochmals kurz die getroffenen Entscheidungen zusammenfasst, Teilaufgaben und Ziele definiert, die bis zur nächsten Lagebesprechung zu erreichen sind. Vorteilhaft ist es, wenn die Stabsmitglieder, die für die einzelnen Teilaufgaben verantwortlich sind, direkt angesprochen werden. Zum Schluss legt der Leiter der KGS bzw. der S3 in Absprache mit dem Stabsleiter den Zeitpunkt der nächsten Lagebesprechung fest.

---

5  BuMa: Bevölkerungsinformation und Medienarbeit

## 6 Informations- und Wissensmanagement

## 6.3 Frühzeitiges Erkennen und Verstehen einer Krise

Die erste wichtige Aufgabe für Sie als politisch verantwortliche Führungskraft ist es, sich selbst einzugestehen, dass überhaupt eine Krise existiert[6]. Dies ist bei akut eintretenden Krisen (Überschwemmungen) einfach, bei schleichenden oder schwelenden Krisen (Klimawandel) schwieriger. Danach müssen Sie die Öffentlichkeit davon überzeugen, dass wirklich eine Krise herrscht. Andernfalls werden Sie nicht in der Lage sein, notwendige Maßnahmen erfolgreich umzusetzen. Der zweite wesentliche Schritt ist, das Neue an der Krise zu erkennen. Müssen etwa bisherige Herangehensweisen geändert werden? Müssen diese unter Umständen erst noch während der Krisenbewältigung entwickelt werden? (▶ Kapitel 5)

Um eine Krise frühzeitig zu erkennen, müssen Musterabweichungen von der »Normalsituation« wahrgenommen werden. Diese Musterabweichungen müssen Sie dann auch noch verstehen, um die richtigen Prognosen treffen zu können. Bei den Ausschreitungen während des Hamburger G20-Gipfels 2017 und bei den Vorgängen vor dem LaGeSo Berlin 2015 in Folge der sogenannten Flüchtlingskrise – um nur zwei Beispiele zu nennen – wurden die Krisen zu spät erkannt und verstanden. Ein Grund, warum heutige Krisen nur sehr schwer rechtzeitig erkannt werden, liegt an deren Komplexität auf der einen Seite und die Hyperspezialisierung von Experten auf der anderen Seite. Niemand hat wirklich den Gesamtüberblick und erkennt bzw. erahnt frühzeitig die aufkommende Krise (vgl. die Covid-19-Pandemie).

Es ist sehr schwierig Krisen vorherzusagen und sie dadurch abzuwehren, aber es ist möglich, eine entstehende Krise so rechtzeitig zu erkennen, dass ihr Verlauf in eine positivere Richtung abgelenkt werden kann. Vage, mehrdeutige oder sogar widersprüchliche Informationen erschweren es, zu erkennen, dass etwas Außergewöhnliches vor sich geht. Daher ist es wichtig, eine Definition der »Normalsituation« zu haben und diese ständig zu analysieren und evaluieren.

Ein Bewusstsein für eine komplexe und dynamische Situation entsteht nicht von allein, es bedarf einer nicht unerheblichen intellektuellen Anstrengung. Vorteilhaft dabei ist der regelmäßige, frühe und häufige Austausch der Situationsbeurteilung mit anderen Behörden, Organisationen und Personen. So steigt die Wahrscheinlichkeit, erste noch schwache Anzeichen einer Krise zu erkennen. Wenn Sie als politisch verantwortliche Führungskraft in der Lage sind, die Gründe, Charakteristika und vor

---

6  Bei einer Umfrage erklärten nur ein Drittel, dass in ihrer Kommune ein Risikofrüherkennungssystem existiert (Solbrig 2022).

## 6.3 Frühzeitiges Erkennen und Verstehen einer Krise

allem die Folgen einer Krise schnell und umfassend zu verstehen, werden Sie die Auswirkungen mit einer größeren Wahrscheinlichkeit vermindern können. Dabei sollten Sie sich immer fragen, was die eigentlichen Wurzeln des Problems sind. Ansonsten doktern Sie an den Symptomen herum und nicht an den eigentlichen Ursachen. Um ein umfassendes Situationsbewusstsein zu bekommen, müssen zwei wesentliche Voraussetzungen erfüllt sein:

- Die Feststellung von auftauchenden Gefahren für die eigene Organisation und welche eigenen Vulnerabilitäten betroffen sein werden.
- Das Verständnis für die sich entwickelnde Krise.

Entscheidend für eine erfolgreiche Krisenbewältigung ist die Fähigkeit, ein akkurates Assessment einer sehr unwahrscheinlichen, mehrdeutigen und dynamischen Situation durchzuführen, an andere Akteure zu verteilen und wenn notwendig zu überarbeiten. Jede Krisensituation kann zwar frühzeitig erkannt werden, wird sie aber häufig nicht. Das liegt u. a. an den folgenden Hindernissen.

**Hindernisse, eine sich entwickelnde Krise zu erkennen**
Experten warnen routinemäßig über alle möglichen Gefahren und Bedrohungen, die dann häufig nicht eintreten. Dadurch werden wirklich entscheidende Warnungen nicht oder zu spät ernst genommen. Zusätzlich liegen oftmals Mechanismen, die eine Krise antreiben hinter den Eigenschaften moderner Systeme verborgen (bspw. Krisen, die in den sozialen Medien heranwachsen). Selbst erfahrene Krisenmanager können zwar Krisen sehr gut verstehen, die sie vorher schon einmal erlebt haben, aber es ist selbst für sie extrem schwer, vorherzusagen, wie sich neuartige, komplexe Ereignisse mit einer Vielzahl von unbekannten Parametern entwickeln werden.

Dazu erschweren häufig organisatorische Faktoren unsere Fähigkeit, eine Krisenentwicklung zu verstehen. Krisenfrüherkennung beruht entscheidend auf den individuellen Kompetenzen der Personen, die die Krisenfrüherkennungssysteme bedienen und dem organisatorischen Design. Beim Design eines Krisenfrüherkennungssystems ist zu beachten, dass für die Früherkennung Zeit benötigt wird. Dies ist kein Nebenjob. Es müssen nämlich Eventualitäten mit einer geringen Eintrittswahrscheinlichkeit erkannt werden. Übliche Informations- und Qualitätskontrollsysteme sind aufgebaut, um standardisiert das Erreichen von Zielgrößen zu messen. Deshalb wird nach bekannten und erwarteten Daten gesucht. Dahingegen müssen bei der Krisenfrüherkennung gerade unnormale Daten, unbekannte Ereignisse und Muster erkannt werden.

Ein weiteres Problem besteht darin, dass wir Menschen dazu neigen, zu vergessen, dass Risiken mit einer kleinen Eintrittswahrscheinlichkeit doch eintreten können. Ungezügelter Optimismus und das Aufsetzen von Scheuklappen (»Es kann nicht sein, was nicht sein darf.« nach Christian Morgenstern) vergrößern auch die kleinsten Risiken erheblich. Häufig werden auch anscheinend voneinander unabhängige geringe Gefahren und Bedrohungen nicht als sich gegenseitig verstärkend betrachtet, bis es zu spät ist (so z. B. bei hybriden Bedrohungen). Problematisch ist auch, dass viele Führungskräfte von ihren Mitarbeitern nicht oder nur unvollständig über erkannte Gefahren und Bedrohungen informiert werden. Manche der Mitarbeiter schildern die Sachverhalte so, wie sie glauben, dass ihre Vorgesetzten sie gerne hören möchten. Eine zu große Homogenität und Konformität im Beraterteam erschwert eine neue Interpretation von Daten. Hinzu kommen unterschiedliche Interessen verschiedener Gruppen und Verbände außerhalb der eigenen Verwaltung. All dies führt dazu, dass die politisch verantwortliche Führungskraft die Realität nur stark gefiltert wahrnimmt.

Gelegentlich kommt es auch vor, dass Informationen zwischen den unterschiedlichen Ämtern und Behörden aus Unkenntnis der Notwendigkeit oder Egoismen (Herrschaftswissen) nicht geteilt werden. Das Aufbrechen dieser Silos ist eine wichtige Aufgabe der politisch verantwortlichen Führungskraft. Ein weiterer Punkt, warum Krisen nicht frühzeitig erkannt werden, ist, dass nur nach Mustern ehemaliger Krisen geschaut wird und deshalb neuartige nicht antizipiert werden.

> **Beispiel: Doppelanschlag in Oslo und auf der Insel Utoeya am 22.07.2011**
> Um 15:25 MESZ explodierte vor dem Bürogebäude des Ministerpräsidenten in Oslo eine Autobombe. Bei dem Anschlag wurden acht Personen getötet und zehn weitere verletzt. Unmittelbar nach dem Anschlag spekulierten Medien über einen islamistischen Hintergrund (bis zu diesem Tag gab es 2011 weltweit mindestens 29 islamistische Anschläge, u. a. in Frankfurt am 02.03.2011). Dies könnte ein Grund dafür sein, warum die Möglichkeit eines Doppelanschlags eines einheimischen Terroristen nicht sofort in Betracht gezogen wurde. So bekam der Täter ausreichend Zeit für seinen zweiten Anschlag im Feriencamp auf der Insel Utoeya bei dem 69 Menschen starben.

Zu berücksichtigen ist auch, dass Krisen zu einem gewissen Grad subjektiv sind (z. B. die Diskussionen um den Klimawandel oder in den Februarwochen 2020 während der Covid-19-Pandemie). Im Nachhinein ist es immer leicht, Anzeichen einer heraufziehenden Krise zu erkennen. Es gibt keinen Unterschied zwischen einer objektiven und einer subjektiven, gefühlten Bedrohung. Als politisch verantwortliche Führungskraft müssen Sie auch objektiv unbegründete Gefahren ernst nehmen, sobald sie von einer ausreichenden Anzahl von Menschen als objektiv herrschend betrachtet

## 6.3 Frühzeitiges Erkennen und Verstehen einer Krise

werden (vgl. das Thomas-Theorem). Häufig werden die Warner auch als »Panikmacher« dargestellt. Warnungen sind immer mit einer Unsicherheit behaftet. Die Krise muss nicht eintreten. Tut sie es dann wirklich nicht, so folgt in der Regel daraus ein Reputationsverlust des Warnenden.

Experten »versagen« regelmäßig bei der Warnung vor einer Krise auch deshalb, weil sie eine für die Allgemeinheit unverständliche Fachsprache benutzen. Sie müssen sich den »normalen« Menschen verständlich machen: Was bedeutet z. B. eine Niederschlagsmenge von 150 Liter pro Quadratmeter in den nächsten 12 Stunden für ein bestimmtes Gebiet? Als politisch verantwortliche Führungskraft sollten Sie darauf achten, dass sich Ihre Experten verständlich ausdrücken.

Ein weiterer wesentlicher Faktor für unsere Unfähigkeit, Krisen frühzeitig zu erkennen, liegt darin, dass wir uns eher mit konkreten, unmittelbar anstehenden Aufgaben beschäftigen als mit eher vagen scheinbar in weiter Zukunft liegenden Problemen. Wenn dann deren Ernst und die Notwendigkeit der Reaktion bewusst werden, ist es häufig schon zu spät.

**Hindernisse, eine sich entwickelnde Krise zu verstehen**
Ein Grund, warum politisch verantwortliche Führungskräfte eine sich entwickelnde Krise nicht verstehen, liegt an der Art und Weise, wie ihnen Informationen dargelegt werden. Mangelndes Informations- und Wissensmanagement ist gerade in der heutigen Zeit bei der Vielzahl von zur Verfügung stehenden Daten verheerend. Schon früh untergräbt die Vielzahl von Geschehnissen die Effektivität selbst der einfachsten Kommunikation. Kommen dann noch Gerüchte und Unruhen aus den sozialen Medien hinzu, glaubt manch politisch verantwortliche Führungskraft eher den sozialen Medien als den eigenen Informationsquellen. Dies gilt besonders, wenn diese aus eigenen opportunen Gesichtspunkten in der Vergangenheit nicht offen die eigenen Informationen geteilt haben. Auch die Informationswege haben eine entscheidende Bedeutung. So werden Informationen auf jeder Stufe der Hierarchie bewusst oder unbewusst verändert. Das Erzeugen und Verbreiten eines »gemeinsamen rollenbasierten Lagebildes« ist eine herausfordernde Aufgabe der Mitarbeiter, die für das Informations- und Wissensmanagement verantwortlich sind (KGS bzw. S2). Als politisch verantwortliche Führungskraft sollten Sie sich auf das »große Bild« beschränken. Dies ist auch ausreichend, wenn Sie mit Auftrag führen/delegieren. Die Frage, die Sie sich beantworten müssen, ist, welche Informationen benötigen Sie wirklich für Ihre Aufgabe. Und nicht nur diese Erkenntnis müssen Sie Ihren Mitarbeitern kommunizieren, sondern auch, wie Sie die Informationen dargestellt haben möchten. Sie sind die Kundin/der Kunde für die Verantwortlichen des Informations- und Wissensmanagements. Informationen und Wissen können sehr unterschiedlich

dargestellt werden. Die Darstellung, die für den Ersteller einfach nachzuvollziehen ist, kann für Sie vollkommen unverständlich und mehrdeutig sein oder Sie zu falschen Interpretationen verführen. Die für Sie geeignete Darstellungsweise können Sie am besten in Übungen ermitteln und verbreiten. Als politisch verantwortliche Führungskraft sind Sie dafür verantwortlich, dass diejenigen entsprechend ausgebildet sind, die Ihnen in der Krise die Informationen aufbereitet zuliefern werden.

In der Analyse von Krisenbewältigungen kann immer wieder festgestellt werden, dass wichtige, z. T. entscheidende Informationen im ständigen Strom aus Besprechungen, Memoranden, Telefonaten, E-Mails, Nachrichtenübersichten, Social Media Tweets und SMS untergehen. Ihr Informations- und Wissensmanagement sollten Sie deshalb regelmäßig unter Stress testen. Unter Stress lassen unsere kognitiven Fähigkeiten nach (deshalb beachten Sie die KISS-Regel) und wir verlieren unsere emotionale Gelassenheit, was dazu führen kann, dass wir selbst einfache, lineare Informationen nicht mehr verarbeiten können. Organisatorische Unsicherheiten (Wie ist das Krisenmanagement eigentlich aufgebaut? Wer ist für was zuständig? Wer kann mir helfen?) verschlimmern diese Situation noch.

Das menschliche Gehirn stößt an seine Grenzen, wenn es komplexe, instabile und vieldeutige Situationen analysieren soll. Wenn es dann mit allen möglichen relevanten und nicht relevanten Informationen konfrontiert wird, besteht die Gefahr der Überlastung. Die Folge ist eine selektive Wahrnehmung, wodurch relevante Informationen unbewusst herausgefiltert werden.

**Achtung:**
Wir Menschen sind nicht in der Lage, Informationen neutral aufzunehmen. Wir interpretieren und bewerten sie in dem Moment, in dem wir diese aufnehmen.

Damit Sie unter Stress auch vieldeutige Situationen verstehen können, bedarf es einer gewissen Erfahrung. Unser Gehirn sammelt Informationen, speichert sie, vergleicht sie mit unseren bisher gesammelten Erfahrungen und generiert einen Sinn daraus (▶ Kapitel 8.3). Es bildet Schemata, Analogien, Metaphern und Geschichten, die es für »sinnvoll« erachtet, die aber nicht der Realität entsprechen müssen. Krisen scheinen unseren Erfahrungen zu entsprechen, tun es aber per Definition nicht!

Ihre Hauptaufgabe als politisch verantwortliche Führungskraft ist es, die Gegenwart zu interpretieren, um die Zukunft vorauszusehen und sich und Ihre Organisation auf letztere vorzubereiten. Die Gegenwart wie die Vergangenheit können Sie nicht mehr beeinflussen, nur noch die Zukunft (▶ Kapitel 7). Dabei müssen Sie darauf achten, dass wir Menschen uns gerne auf ein Thema konzentrieren und andere

## 6.3 Frühzeitiges Erkennen und Verstehen einer Krise

ausblenden. Gefährlich wird es besonders unter hohem Stress und Druck. Letztere führen unbewusst zu einer Reihe von kognitiven Fehlleistungen (Kahneman, 2012). Einige dieser Fehlleistungen können wir vermeiden, wenn wir rational entscheiden. Die rationale Entscheidungsfindung benötigt allerdings recht viel Zeit und Energie.

> **Exkurs: Theorie über die Arbeitsleistung unseres Gehirns nach Kahneman**
>
> Nach Kahneman arbeitet das System I in unserem Gehirn, das für die intuitiven Entscheidungen verantwortlich ist, automatisch, mit wenig Anstrengung und unbewusst. Dem System II müssen bewusst »Ressourcen« zugewiesen werden, die es dann schnell verbraucht. Dies ist auch der Grund, dass wir nicht sehr lange konzentriert über ein Problem nachdenken können. System I erzeugt recht komplexe Muster von Ideen, aber nur das langsamere System II ist in der Lage, ordentlich strukturierte Gedankenschritte zu produzieren. Ist Ihre mentale Energie aufgebraucht, sind Sie nicht mehr in der Lage, Ihr System II zu nutzen. Ihr Gehirn gaukelt Ihnen zwar vor, dass es System II nutzt, springt aber in Wirklichkeit – besonders unter Stress – von einer Aufgabe zur nächsten und nutzt schließlich das System I. Hinzu kommt, dass wenn Menschen einmal entschieden haben, dass eine Schlussfolgerung richtig ist, die Argumente, die diesen Entschluss unterstützen, für wahr halten, von dieser Schlussfolgerung meist nicht mehr abzubringen sind. In solchen Momenten ist es gut, wenn ein zweites »ausgeruhtes« Gehirn die Ergebnisse überprüft.

**Stressfrühwarnsystem für Ihre Verwaltung:**
- Schätzen Sie regelmäßig den Stresslevel Ihrer Krisenorganisation ein, z. B.:
  - Wie viele Personen sind derzeit real für eine systemrelevante Funktion einsatzbereit?
  - Wie viele systemrelevante Ressourcen sind gelagert?
  - Wie viele Zulieferer können Ihnen im Bedarfsfall systemrelevante Ressourcen in welcher Zeit liefern?
- Pflegen Sie eine offene Kommunikation, damit Mitarbeiter ohne Angst ihre Bedenken bezüglich der Resilienz ihrer Organisation äußern können.

Da wir besonders in kritischen Situationen uns und anderen Personen die eigene Kompetenz zeigen wollen, beschäftigen wir uns mit Themen, von denen wir glauben, sie erfolgreich meistern zu können. Dabei kann es geschehen, dass wir uns um Themen kümmern, die außerhalb unserer Zuständigkeit liegen (horizontale Aufmerksamkeitsverschiebung) oder, die unterstellte Personen bearbeiten sollten (vertikale Aufmerksamkeitsverschiebung oder Mikromanagement). Versuchen Sie immer das »große Bild« im Auge zu behalten und delegieren Sie – Führen Sie mit Auftrag!

# 6 Informations- und Wissensmanagement

**Stressbedingte kognitive Beschränkungen**

Stress beeinflusst vielfältig unsere Fähigkeit, Situationen zu verstehen und dies bei jedem Menschen unterschiedlich. Deshalb ist es auch sehr schwierig, ein gemeinsames, einheitliches Situationsbewusstsein bei mehreren Personen zu erzeugen.

Mit steigendem Stress werden wir kognitiv immer leistungsfähiger bis zu dem Punkt, wo die Leistungsfähigkeit abrupt abnimmt (▶ Bild 19). Wird dieser Punkt überschritten, führt das u. a. dazu, dass

- wir uns auf kurzfristige Themen konzentrieren und die langfristigen aus den Augen verlieren.
- wir eher große Risiken tolerieren.
- wir in alte Verhaltensmuster verfallen.
- wir Scheuklappen anlegen, unsere Aufmerksamkeit auf einen engen Bereich konzentrieren und Randbereiche aus den Augen verlieren.
- wir Stereotypen nutzen und in Fantasien flüchten.
- wir gereizter werden.

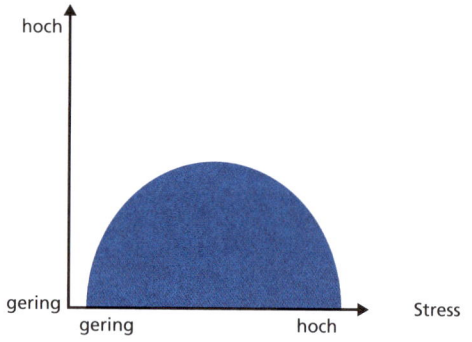

Bild 19: *Yerkes-Dodson Kurve*

Bei geringem Stress neigen wir dazu, intuitiv, unüberlegt, automatisch und Heuristiken nutzend zu denken. Steigt der Stresslevel an, beginnen wir rational, überlegt und vergleichend zu denken, um unter starkem Stress wieder zu der intuitiven Denkweise zurückzufallen. Um schnell Entscheidungen treffen zu können, neigen wir dann dazu, komplexe Situationen zu vereinfachen (▶ Kapitel 8.3). Wenn wir danach alle neuen Informationen nur im Lichte dieses ersten, sehr vereinfachten Bildes sehen, selektieren wir unter Umständen gerade die relevanten heraus. Eine kognitive Verzerrung des Menschen ist, dass wir Informationen, die unsere Sicht der Dinge bestätigen, überbewerten, während wir widersprechende Informationen unterbewerten.

## 6.3 Frühzeitiges Erkennen und Verstehen einer Krise

Gerade unter Stress neigen wir dazu eher konservative – System und Umwelt wenig verändernde – Handlungsoptionen zu bevorzugen. Auch wollen wir Teil einer Gruppe, am besten des gewinnenden Teams, sein. Deshalb stimmen wir eher einer Gruppenmeinung zu, als ihr zu widersprechen (▶ Kapitel 8.1).

Gerade in Krisensituationen neigen wir Menschen zu einer eher egozentrischen Sichtweise: Unsere Probleme sind die größten, wir benötigen die besten und meisten Ressourcen und das sofort. Von Zeit zu Zeit sollten Sie sich als politisch verantwortliche Führungskraft nicht nur in die Situation der Betroffenen begeben, sondern auch in die derer, die in Nachbarkreisen, in den Mittelbehörden oder in der Landesregierung Verantwortung tragen.

Unsere kognitiven Beschränkungen haben auch etwas Gutes: Sie ermöglichen uns auch noch unter größtem Stress, Entscheidungen treffen zu können. Nur sehr selten sind wir von einer Situation so übermannt, dass wir gar nicht mehr entscheiden können und in eine Schockstarre verfallen. Erfahrene Krisenmanager bringen in der Regel eine bessere Leistung unter Stress als Novizen. Als politisch verantwortliche Führungskraft müssen Sie üblicherweise eher selten Erfahrungen mit Krisen sammeln. Umso wichtiger ist es deshalb, dass Sie sich simulierten Krisen stellen, sprich an Übungen aktiv teilnehmen. Dies hat auch den Vorteil, dass Ihre Mitarbeiter Sie einmal unter Stress erleben und so für sie wichtige Erkenntnisse sammeln können.

**Tipp:**
Versuchen Sie den Stress, der in einem Bereich Ihrer Zuständigkeit wächst, dort einzukapseln, damit er nicht andere ansteckt.

**Einfluss der Organisationsform**

Die Bewältigung heutiger Krisen bedarf in der Regel der Anstrengungen vieler Akteure, oft der gesamten Gesellschaft (▶ Bild 2). Diese Notwendigkeit erschwert die Bildung eines gemeinsamen Lagebewusstseins bei den jeweiligen Akteuren, was aber bedeutend für die Entscheidungsfindung ist (▶ Kapitel 8). So sind die Lageeinschätzungen von Betroffenen, Spontanhelfenden, Angehörigen der BOS und der politischen Entscheidungsträger naturgemäß unterschiedlich.

Erschwerend kommt hinzu, dass unterschiedliche Akteure zu verschiedenen Zeiten in die Bewältigung einer Krise involviert werden. Die Erfahrungen aus der Chaosphase wirken in spätere Einsatzphasen hinein und lassen Situationen evtl. negativer oder positiver aussehen als sie eigentlich sind. Ein weiterer Aspekt der »Multiakteur-Reaktion« ist, dass jeder Akteur einen anderen Schwerpunkt seines Handelns hat und sich somit auf andere Aspekte der Krisensituation fokussiert (z. B.

# 6 Informations- und Wissensmanagement

die Diskussionen während der Covid-19-Pandemie bezüglich Kontakteinschränkungen zum Schutz der vulnerablen Personen versus Schutz vor häuslicher Gewalt oder Minimierung der wirtschaftlichen Folgen). Jeder nutzt seine eigenen Erfahrungen und auch Vorurteile bei der Beurteilung der Situation.

Sie als politisch verantwortliche Führungskraft müssen versuchen, alle Perspektiven – nicht nur die von Ihren Wählern – zusammenzufassen und dieses Gesamtbild zur Grundlage Ihrer Entscheidungen zu machen. Beachten Sie bei der Bewertung der unterschiedlichen, ggf. widersprüchlichen Informationen, von wem die »objektiven« Daten interpretiert wurden und welche Intention diese Personen haben. Informationen und Wissen sind die Schlüssel-Ressource des Krisenmanagements. Deshalb sollten Sie auch Ihr Situationsbild breit über alle Akteure streuen. Dann haben alle Akteure die Möglichkeit, ihr Bild zu korrigieren. Transparentes Teilen von Informationen ist die Grundlage der Bildung eines gemeinsamen Situationsbewusstseins. Sie müssen die Deutungshoheit erringen und behalten.

Schon im Vorfeld einer Krise sollten Sie organisatorische Maßnahmen festlegen, damit Sie sich gerade bei einer heraufziehenden Krise schnell einen Sinn aus den Informationen diverser Quellen machen können. Sie sollten sich den Luxus eines »Lagezentrums« leisten, auch wenn dieses nur aus wenigen Vertrauten besteht, die ihrerseits über Verbindungen zu den jeweiligen Akteuren verfügen. Die Verbindung zu den Betroffenen und der allgemeinen Bevölkerungen können Sie heute mittels Social Media halten. Beim Monitoring der sozialen Medien können Ihnen »Virtual Operation Support Teams« behilflich sein, wie das VOST Deutschland des THW oder das VOST Baden-Württemberg des dortigen Innenministeriums. Die Mitarbeiter Ihres »Lagezentrums« müssen besonders geschult und trainiert sein. Selbst wenn sie den oft sehr hektischen Alltag zu Ihrer Zufriedenheit meistern, scheitern Untrainierte in der Regel an der Beurteilung von bisher unbekannten, verwirrenden, mehrdeutigen, dynamischen und komplexen Situationen, wenn sie unter erheblichen Stress geraten. Sie tendieren dazu, in Alltagsroutinen zu verfallen. Das Ergebnis ist eine Verstärkung des schon herrschenden Chaos: Einige kritische Informationen erreichen Sie eher durch Zufall als aufgrund eines strukturierten Prozesses, andere gehen ganz verloren.

**Ratschläge für die effektive Bildung eines geeigneten Situationsbewusstseins**

Als politisch verantwortliche Führungskraft sollten Sie eine proaktive Kultur des Problemsuchens und ein offene, transparente Kommunikationskultur zwischen sich und Ihren Mitarbeitern an der Basis etablieren. Dadurch nutzen Sie deren Vor-Ort-Erfahrungen wie auch deren oftmals richtige Intuition für anwachsende Krisen. So bilden Sie eine schnelle, dezentrale Fähigkeit, ein korrektes Situationsbewusstsein zu

## 6.3 Frühzeitiges Erkennen und Verstehen einer Krise

erzeugen. Die Vor-Ort-Verantwortlichen erkennen nicht nur sehr frühzeitig eine Krise, sie haben auch häufig eine adäquate Lösung der Probleme, solange sie nicht zu groß werden. So kann eine Krise vor ihrem tatsächlichen Eintreten bereits abgewendet werden. »Trial-and-Error« (▶ Kapitel 8.3) kann in diesem Stadium viele Krisen schnell entspannen. Dazu bedarf es erfahrene Vor-Ort-Akteure (Amtsleiter, Leiter der Feuerwehr u. ä. m).

Selbst bei vollkommen neuartigen Krisensituationen (Black Swans) ist es erst einmal gut, auf Erfahrungen zurückzugreifen, um Zeit für eine strukturierte, rationale Krisenbewältigung zu erkaufen (▶ Kapitel 5). Als politisch verantwortliche Führungskraft haben Sie meistens mehr Zeit für Beratungen und Denken als Ihre Mitarbeiter vor Ort, solange Sie nicht ins Mikromanagement verfallen. Durch das Einbinden von Experten vergrößern Sie Ihre Informationsbasis. Ihr »persönliches Lagezentrum« sollte nicht nur über alle notwendigen Verbindungen zu den weiteren Akteuren verfügen, sondern es sollte auch genau wissen, welche Ereignisse strikt zu vermeiden sind. Die Mitarbeiter Ihrer Beratungsgremien, Ihrer Stäbe, müssen extrem engagiert in der stetigen Entwicklung von Handlungsoptionen sein und sich nicht auf einem Vorschlag ausruhen. Ein entsprechendes ständiges Training muss selbstverständlich sein. Krisenmanagement und Stabsarbeit ist nicht nur eine »Nebentätigkeit« neben den Aufgaben aus der Alltagsorganisation.

> **Beispiel: High Reliability Organization**
> 
> High Reliability Organizations erreichen ihre Fähigkeit, auf Störung zu reagieren, ohne in Krisen abzurutschen, durch drei wesentliche Maßnahmen:
> - Sicherheitsbewusstsein,
> - Dezentralisierung,
> - Training.
> 
> Sie entwickeln eine breit entwickelte und kulturell verankerte Fähigkeit, mit der Dynamik von Krisen umzugehen. Sie sind es gewohnt, in hochdynamischen, gefährlichen Situationen zu agieren. Sie haben Routinen entwickelt und eingeführt, um mittels unvollständiger Informationen ein vorläufiges Situationsbewusstsein zu entwickeln. Ihnen ist aber auch bewusst, dass dieses Situationsbewusstsein nur vorläufig ist und es ergänzt oder ggf. verworfen werden muss, wenn weitere Informationen zur Verfügung stehen. Sie widerstehen der menschlichen Neigung, an der ersten (vorläufigen) Situationsbeurteilung festzuhalten. Sie zwingen sich vielmehr ständig dazu, die Informationen, deren Analyse, das daraus entstandene Situationsbewusstsein und die getroffenen Entscheidungen infrage zu stellen. Und es werden Warnlampen installiert. Jeder Mitarbeiter wird dazu animiert, selbst das Gefühl, dass etwas schief geht, an deren Vorgesetzte zu melden. Diese Informationen werden breit innerhalb der Organisation gestreut und werden vorab fest-

# 6 Informations- und Wissensmanagement

> gelegte Schwellwerte überschritten, werden detaillierte Untersuchungen eingeleitet und Alarm ausgelöst. Solche Organisationen erwarten geradezu, dass etwas schief gehen wird.

**Die Allgegenwart von Überraschungen**

Bereits die alten Militärtheoretiker wussten, dass jede Planung mit dem ersten Feindkontakt obsolet ist, da Überraschungen hinter jedem Baum warten. Im Nachhinein – im Debriefing und der Einsatzkritik – wissen es vor allem die Experten immer besser. Sie hätten die Anzeichen der Überraschungen frühzeitig erkannt und richtig interpretiert und wären so nicht überrascht worden.

Aufgrund der immer komplexer werdenden Welt steigt die Wahrscheinlichkeit von Überraschungen. Die nicht erkannten Wechselwirkungen zwischen eigentlich unbedeutenden, kleinen Ereignissen und eine nicht oder falsch erfolgte Reaktion bleiben bis zum Überschreiten der Schwelle zur Krise unerkannt. Die Welt ist voll von Unsicherheiten und Mehrdeutigkeiten und jederzeit können Eventualitäten auftreten. Die Signale einer heraufziehenden Krise aus dem Lärm der Informationsflut herauszufiltern, ist eine große, vermutlich nie vollständig erfüllbare Herausforderung. Als politisch verantwortliche Führungskraft werden Sie vermutlich nie über die perfekten, eindeutigen, kompletten, widerspruchsfreien, von niemandem infrage gestellten Informationen verfügen. Trotzdem müssen Sie ein Lageverständnis entwickeln, um Entscheidungen treffen zu können, die die Auswirkungen einer sich entwickelnden Krise minimieren. Sie müssen dieses vorläufige Bild der Situation nutzen und agieren. Warten Sie bis Sie ein perfektes Bild haben, werden Sie niemals agieren, denn das perfekte Bild werden Sie nie bekommen.

Wichtig ist, dass das große Bild der Realität möglichst nah kommt. Fragen Sie sich deshalb immer, was die Summe der einzelnen Informationen eigentlich bedeutet. Sie müssen entscheiden, welche Signale zu beachten sind und welche ignoriert werden können oder sogar müssen.

# 7 Krisen- und Einsatzplanung – Kernkompetenz des SMS/EMS bzw. des S3

Planen ist das Festlegen von Handlungsschritten im Zeitverlauf, einschließlich Verzweigungen und Alternativwegen. Pläne sollten auch immer Zeitpuffer sowie Schnittstellen zu allen anderen Akteuren beinhalten. Um möglichst agil zu bleiben, sollte auch festgelegt werden, wann welche Entscheidungen zu treffen sind. Je später eine Entscheidung getroffen wird, desto besser können aktuelle Erkenntnisse berücksichtigt werden. Allerdings benötigt die Umsetzung jeder Entscheidung und ihr Wirksamwerden Zeit, deshalb darf eine Entscheidung nie zu spät getroffen werden.

Bei der Planung sollte ein Aspekt nicht außer Acht gelassen werden: Ein komplexes Problem zu lösen, bedeutet nicht, dass ausschließlich nur komplexe Lösungen zum Erfolg führen. Unter Stress und großem Druck sind einfache Lösungen leichter umzusetzen als schwierige. Die erfolgreichste App zur Hochwasserdatenerfassung in Mumbai hat bspw. nur drei mögliche Eingabewerte für den Hochwasserstand an dem Ort, an dem sich der Benutzer der App befindet: Der Wasserstand in den Straßen ist knöchelhoch, kniehoch oder hüfthoch. Diese Angaben sind für die Planung vollkommen ausreichend, auch wenn sie je nach der körperlichen Größe des Erfassers unterschiedliche Höhen bedeuten.

Der zweite Grundsatz der Planung ist: Habe jeweils einen Plan B. Wie das englische Sprichwort besagt: »Don't put all your eggs in one basket.«

Als Drittes sollten Sie immer beachten, dass Ereignisse, die eine Eintrittswahrscheinlichkeit von nur 10 % haben, eintreten können. Weitere Fehlerquellen bei Planungen sind:

- Nichtbeachten von Fern- und Nebenwirkungen,
- Erstellen eines Planes, der nicht umsetzbar ist,
- Flucht in die Planung, anstatt zu entscheiden,
- mangelnde Prüf- und Modifikationsmöglichkeit und dadurch keine Anpassung eines Planes an eine sich ändernde Realität (Rumpelstilzchen-Planung).

Bei der Planung sollten Sie nur Maßnahmen für Bereiche vorsehen, die nicht im gewünschten Zustand sind bzw. nicht die gewünschten Ergebnisse liefern. Bereiche, die funktionieren, sollten Sie nicht verändern. Funktioniert die Nachbarschaftshilfe, fragen Sie nach, welche Unterstützung die handelnden Akteure benötigen – ersetzen Sie sie aber nicht durch staatliche Akteure. Und last but not least, stellen Sie sich

# 7 Krisen- und Einsatzplanung

einmal die Situation aus Sicht der Betroffenen vor. Was erwarten diese von Ihnen als politisch verantwortliche Führungskraft?

**Merke:**
Versetzen Sie sich in die Situation der Betroffenen: Was würden Sie an deren Stelle von Ihnen erwarten?

## 7.1 Grundlagen der Planung

In der heutigen Welt werden Sie es als politisch verantwortliche Führungskraft eher selten mit Krisen, die nur einen klar abgegrenzten Bereich betreffen, zu tun haben. Aufgrund von Kaskadeneffekten wird eine Krise in einem Bereich weitere Krisen in anderen Bereichen induzieren, die wiederum auf die Ausgangskrise rückkoppeln. Diese komplexen, ineinander verflochtenen Probleme können Sie nicht mit alten Paradigmen und Lösungsansätzen meistern. Sie müssen dazu andere innovative und kreative Arten der Problemlösung nutzen:

- Konzentrieren Sie sich auf multidisziplinäre, sozialwissenschaftlich-basierte Analysen, anstatt auf reine ursachen-basierte Analysen.
- Konzentrieren Sie sich auf die menschlichen und sozialen Auswirkungen, anstatt auf die direkten Schäden des krisenauslösenden Ereignisses.

Bei der Planung sollten Sie immer die Perspektive der Ausführenden einnehmen:
- Verlangen Sie Machbares von ihnen?
- Gibt es einfacher auszuführende Methoden?

**Beispiel für Kaskadeneffekte: Deepwater Horizon Katastrophe am 20.04.2010**
Neben dem Tod von elf Arbeitern und dem Untergang der Plattform hatte die Katastrophe Auswirkungen auf:
- Umwelt,
- Weltwirtschaft,
- lokale Kleinunternehmen,
- Juristerei,
- Politik,
- Medien,
- Öffentlichkeit,
- Regierung (vom Bund bis zur Kommune).

## 7.1 Grundlagen der Planung

> Die Dynamik der Krise war in jedem dieser Bereiche unterschiedlich. Der Zusammenbruch der Kommunikation zwischen den verschiedenen Akteuren hatte einen wesentlichen Einfluss auf die verheerenden Auswirkungen der Krise.

Die Planung ist eine sehr kreative Aufgabe des Führungsvorgangs. Sie bedeutet, immer auch Prognosen zu erstellen (▶ Bild 20):

- Prognosen über die Situation, die zu dem Zeitpunkt herrschen wird, wenn die Umsetzung der geplanten Maßnahmen beginnt: die »Lageprognosen«.
- Prognosen über die Situation, die zu dem Zeitpunkt herrschen wird, wenn die geplanten Maßnahmen erfolgreich umgesetzt worden sind: die »Planprognosen«.

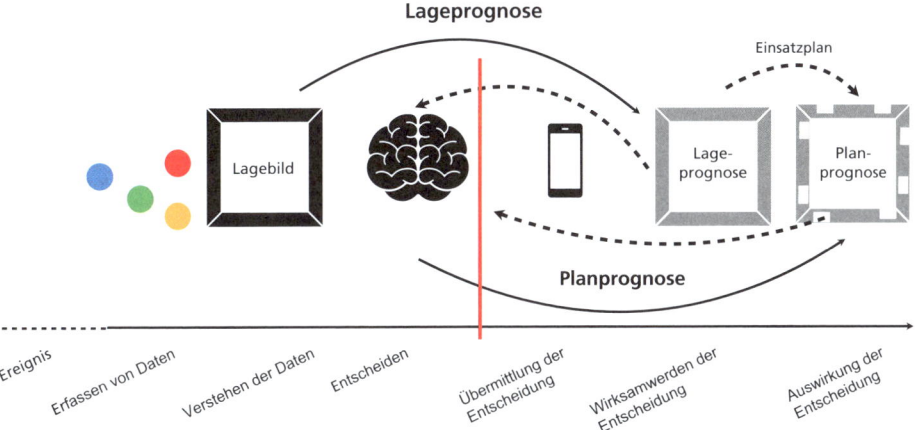

**Bild 20:** *Lage- und Planprognose*

Prognosen sind Aussagen über die Zukunft, die auf Erkenntnissen der Vergangenheit beruhen. In einer Krisensituation werden ständig Daten ermittelt. Diese Daten müssen nutzbar gemacht werden. Dazu können folgende Fragen dienen (Marincioni, 2007):

- Sind sie für die Entscheidungsfindung relevant?
- Wann wurden sie erfasst?
- Wo wurden sie erfasst?
- Wer hat sie mit welcher Absicht erhoben?

# 7 Krisen- und Einsatzplanung

Aus den Antworten ist festzulegen, ob die Prognosen wahr/wahrscheinlich wahr/wahrscheinlich unwahr/sicher unwahr aber bedeutend sind. (zum letzten Punkt vergleiche Thomas-Theorem). Wie alle unbedeutenden Informationen sollten auch sicher unwahre und unbedeutende Prognosen erst gar nicht für die Planung berücksichtigt werden.

Die Informationen, die man aus den Daten erhält, zeigen immer nur kleine Ausschnitte der Gesamtkrisensituation und sie wurden meistens zu vollkommen unterschiedlichen Zeiten erfasst. Das zeitliche Problem kann man durch eine Synchronisation der Stabsarbeiten auf den unterschiedlichen Führungsebenen minimieren (▶ Kapitel 4.2). Daraus muss nun unser Gehirn ein Gesamtbild der Krise erstellen. Da wir nur linear und in Geschichten denken können, füllt unser Gehirn unbewusst die vorhandenen Lücken, wie es unsere Erfahrungen (Vorurteile) vorgeben. Und da jeder Mensch andere Erfahrungen gemacht hat, bildet jeder ein etwas anderes Gesamtbild der Krise. Werden Entscheidungen in Gruppen (Stäben) vorbereitet, sollten die Gruppenmitglieder über ein sehr ähnliches Situationsbewusstsein verfügen (▶ Kapitel 9.6).

Hat man die Informationen verstanden, so hat man Wissen generiert, das nun für die Prognosen genutzt werden kann. Je schlechter unser Wissen über die Krise ist, desto unsicherer werden unsere Prognosen ausfallen. Wenn wir unterschiedliche Handlungsoptionen erarbeiten, müssen wir immer bedenken, dass nach der Beauftragung immer eine gewisse Zeit vergeht, bevor die Entscheidungen beginnen, wirksam zu werden.

In diesem gesamten Zeitraum entwickelt sich die Krise weiter, teilweise unbeeinflusst, teilweise beeinflusst durch die Betroffenen und Einsatzkräfte vor Ort, die anfangen zu helfen, ohne auf die Anordnungen der höheren Führungskräfte zu warten. Diese prognostizierte Situation (die Lageprognose) muss der Ausgangspunkt der Planung der unterschiedlichen Optionen sein. Der zeitliche Unterschied zwischen der Datenerfassung und der Zeitpunkt, für den die Lageprognose erstellt wird, ist umso größer, je weiter oben Sie in der Krisenmanagement-Hierarchie tätig sind.

Bei der Planung der unterschiedlichen Optionen müssen Sie dann prognostizieren, welche Auswirkungen, zu welchem Zeitpunkt, die einzelnen Handlungen der Optionen zeigen werden (die Planprognosen). D. h. es vergeht häufig nochmals Zeit, bis die Maßnahmen wirksam werden (vgl. z. B. die Maßnahmen zur Verlangsamung der Covid-19-Pandemie). So macht es wenig Sinn einen Plan (z. B. eine Deicherhöhung) zu erarbeiten und zu diskutieren, dessen Umsetzung sechs Stunden benötigt, wenn der Schaden (z. B. das Überfluten des Deiches) schon nach vier Stunden eintritt.

## 7.1 Grundlagen der Planung

**Merke:**
Halten Sie Ihren Plan so einfach wie möglich! Ihr Plan muss von denen verstanden werden, die ihn umsetzen sollen.

Krisensituationen sind meistens komplex. Und diese Komplexität erschwert die Erstellung von Prognosen und damit die Planung und letztendlich die Entscheidungsfindung. Um trotzdem unter Zeitdruck zu einer Entscheidung zu kommen, kann man die Komplexität der betrachteten Situation reduzieren. Ziel ist es, aus einer chaotischen oder komplexen Situation eine unkomplizierte oder einfache zu generieren (▶ Kapitel 5), die dann für die Planung genutzt wird, um schnell erste Entscheidungen treffen zu können. Die so »erkaufte Zeit« können Sie für detaillierte Analysen, Prognosen und Pläne nutzen. Entsprechend dem intuitiven Entscheidungsmodell von Klein (▶ Kapitel 8.3) müssen schnell getroffene Entscheidungen angepasst oder widerrufen werden.

Komplexitätsreduktion kann durch die Modellierung der Realität erreicht werden. Das Modell muss nicht die Realität möglichst genau abbilden, sondern soll die Planer und Entscheider bei ihrer Arbeit unterstützen. So kann es durchaus sinnvoll sein, unterschiedliche Modelle für unterschiedliche Aufgaben zu entwickeln. Wichtig bei der Modellbildung ist, dass die Situation präzise, aber vor allem verständlich dargestellt wird. Als Negativbeispiel dient erneut die Afghan Spaghetti Bowl (Bumiller, 2010). Selbst erfahrende Entscheider wie ein General waren nicht in der Lage, das Modell zu verstehen und somit zu nutzen.

**Mittels der Planungen sollten mindestens folgende Fragen beantwortet werden können:**

- Welchen Output liefert der Plan bei erfolgreicher Umsetzung?
- Welche Folgen hat eine erfolglose Umsetzung dieses Planes
  - für die betroffenen Menschen?
  - für die Einsatzkräfte?
  - für die Umwelt?
  - für die Wirtschaft?
- Wie groß ist die Wahrscheinlichkeit, dass der Plan erfolgreich umgesetzt werden kann?
- Wie flexibel ist der Plan? Wie lange kann noch auf einen anderen Plan umgeschwenkt werden?
- Welche Kosten entstehen bei der Umsetzung des Planes?
- Welche rechtlichen Rahmenbedingungen sind zu beachten? Müssen Zwangsmaßnahmen angeordnet werden? Wer kann diese durchsetzen?

# 7 Krisen- und Einsatzplanung

- Wie lange wird es dauern, bis die Ziele erreicht werden?
- Welche Gefahren gibt es während der Umsetzung
  - für die betroffenen Menschen?
  - für die Einsatzkräfte?
  - für die Umwelt?
  - für die Wirtschaft?
- Wie wird der Plan
  - von der betroffenen Bevölkerung,
  - von der allgemeinen Bevölkerung,
  - von den Medien und
  - von (vermeintlichen) Experten aufgenommen?
- Welche politischen Folgen hat eine Umsetzung des Planes?

Instrumente des Projektmanagements können sehr gut für die Planung genutzt werden. So kann mit Hilfe von Gantt-Diagrammen die Gesamteinsatzdauer abgeschätzt und kritische Prozesse identifiziert werden (▶ Bild 21).

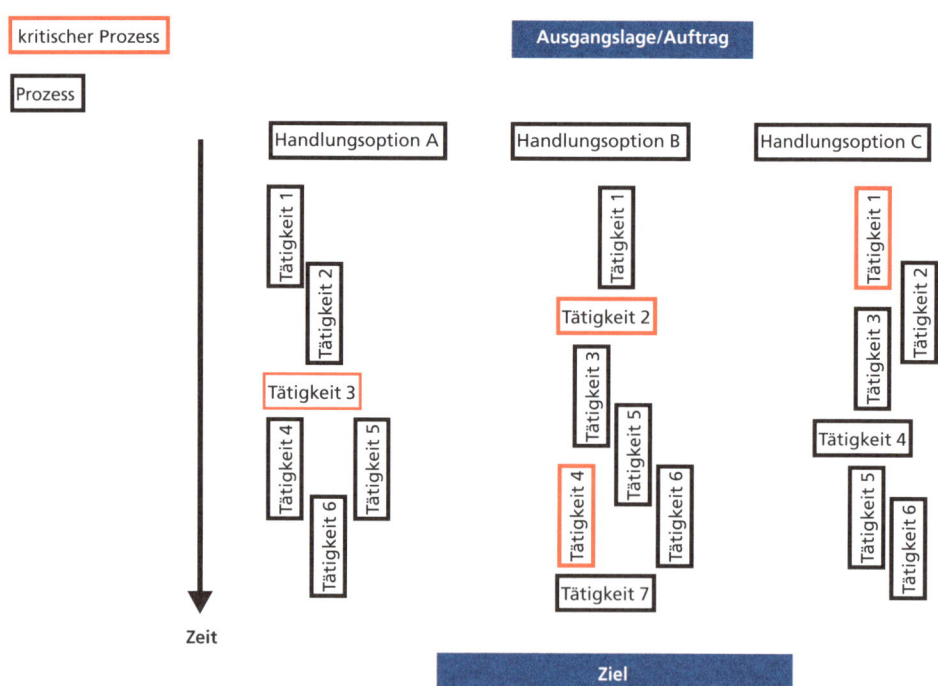

**Bild 21:** *Einsatzgrobplanung mittels eines Gantt-Diagramms*

## 7.1 Grundlagen der Planung

Menschen können verschiedene Optionen besser miteinander vergleichen, wenn sie sie gleichzeitig und nicht nacheinander beurteilen (Milkman et al., 2008). Deshalb sollten die verschiedenen Handlungsoptionen parallel dargestellt werden. Vorteilhaft ist es, wenn kritische Prozesse (in der Abbildung rot umrahmt) möglichst früh in einem Einsatzablauf stattfinden. Sollten sie und damit der gesamte Plan nicht erfolgreich durchgeführt werden können, steht mehr Zeit zur Verfügung, einen Alternativplan anzuwenden. Bei den kritischen Tätigkeiten sind immer die notwendigen Ressourcen und deren Versorgungsketten zu beachten. Für die Feinplanung sowie das Controlling können ebenfalls Gantt-Diagramme oder auch eine Zeitstrahl-Darstellung (▶ Bild 22) genutzt werden.

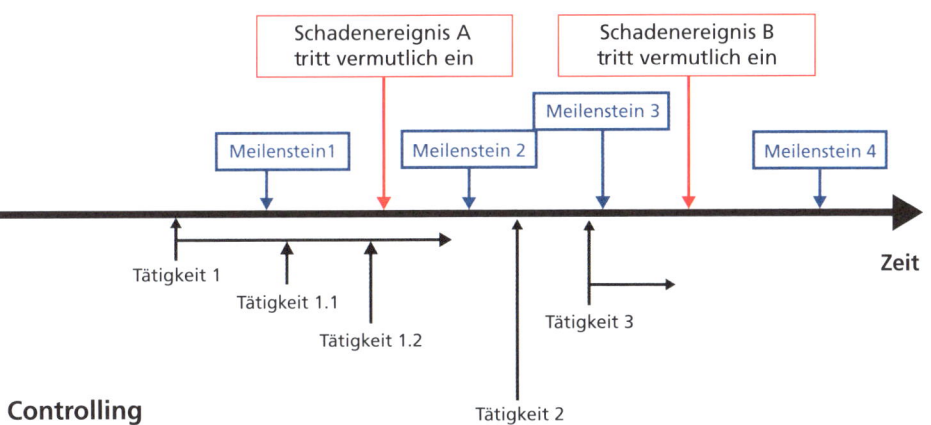

**Bild 22:** *Zeitstrahl-Darstellung der Planung und des Controllings*

Steht ausreichend Zeit für die Feinplanung zur Verfügung, sollten Sie detaillierter planen und abschätzen, wann eine Tätigkeit frühestmöglich beginnen kann und wann sie spätestens beginnen muss (▶ Bild 23). Eine solch detaillierte Planung verführt allerdings dazu, das große Bild aus den Augen zu verlieren. Und es geht ja auch nicht darum, den besten Plan zu entwickeln und wirkungsvoll zu visualisieren. Ziel ist es vielmehr, das Leben der Betroffenen effektiv und effizient zu verbessern. Wenn dazu grafische Hilfsmittel beitragen, dann ist es gut, wenn sie eher behindern, dann ist auf sie zu verzichten.

# 7 Krisen- und Einsatzplanung

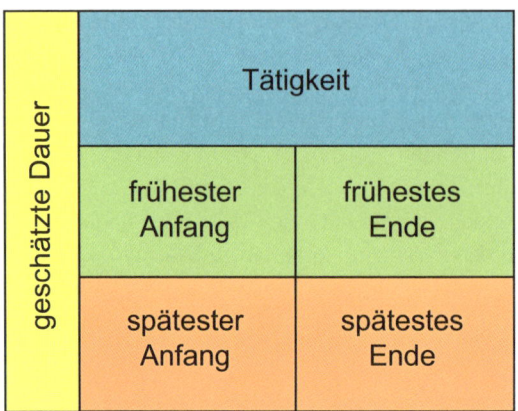

Bild 23: *Darstellung einer Tätigkeit in der Einsatz-Feinplanung*

Besonders schwierig ist die Dynamik einer Krise vorauszusagen (vgl. z. B. die vielen Voraussagen während der Covid-19-Pandemie). Zwei Annahmen liefern häufig gute Ergebnisse bei der Erstellung von Prognosen (beide Annahmen konnten während der Covid-19-Pandemie in der deutschen Gesellschaft beobachtet werden):

- **Das betrachtete System verhält sich in der derzeitigen Krisensituation so wie ein ähnliches System in einer ähnlichen Lage:**
  Möchte man diese Annahme nutzen, muss man im Vorfeld After-Action-Analysen des eigenen Bereiches und anderer Bereiche analysieren. Bei Letzteren müssen noch die verschiedenen Systeme grundsätzlich verglichen werden: Was ist gleich und wo unterscheiden sie sich (geografisch, sozio-kulturell, ökonomisch, …)?
- **Das betrachtete System verhält sich in der Krise so, wie es sich auch im Alltag verhalten hat:**
  Für diese Annahme ist das Alltagsverhalten des eigenen Systems zu analysieren. So korreliert in großen Schadenlagen beispielsweise das Mobilitätsverhalten der Menschen mit dem im Alltag (Song et al., 2014).

Ziel solcher Analysen ist es, charakteristische Muster zu erkennen. Tritt eines dieser Muster dann in der Krise auf, kann geschlussfolgert werden, dass sich das System wie in der analysierten Situation verhalten wird. Diese Methode kann nur genutzt werden, wenn die Analysen vor der eigentlichen Krise durchgeführt werden. Daraus folgt, dass gutes Krisenmanagement vor der Krise beginnen muss.

## 7.1 Grundlagen der Planung

> **Beispiel für After-Action- und Alltags-Analysen:**
>
> *After-Action-Tragödie: Love Parade Unglück in Duisburg, 2010*
>
> Hätten die Erkenntnisse aus der Tragödie im Brüsseler Heysel-Stadion von 1985 (Schönau, 2015) für die Bewältigung des Einsatzes in Duisburg genutzt werden können? Welche Gemeinsamkeiten und welche Unterschiede zeichnen beide Ereignisse aus?
>
> *Alltags-Analyse*
>
> Welche »Influencer« gibt es im Zuständigkeitsbereich? Welche Kommunikationskanäle nutzen sie? Aus welchen sozialen Gruppen kommen die »Follower«? Wie reagieren die »Follower«? Bedeutende »Influencer« sind z. B. Vertreter von Glaubensgruppen und Gruppen spezieller Nationalitäten.

Niemand ist frei von Vorurteilen. Sie beeinflussen unsere Situationswahrnehmung und somit unsere Entscheidungen entweder positiv oder negativ. Die Gefahr von Falschprognosen kann minimiert werden, wenn:

- Informationen, die für das Bilden des Situationsbewusstseins verwendet werden, je nach ihrer Zuverlässigkeit eingeteilt und gekennzeichnet werden, z. B. in:
    - Fakten,
    - begründete Annahmen,
    - Gerüchte (eher wahr),
    - Gerüchte (eher unwahr),
    - Fake News, alternative Fakten, …
- Prognosen von mehreren unabhängigen Experten(gruppen) erstellt werden. Diese Prognosen sind dann vom Planer der Handlungsoptionen zu beurteilen. Entscheidend dabei ist, dass letzterer nicht an der Erstellung der Prognosen beteiligt war.

> **Merke:**
>
> Ihre Planung sollte folgende Punkte berücksichtigen:
> - Zusammenarbeit mit allen seriösen Akteuren,
> - Beachten von örtlichen Details,
> - Beachten der örtlichen Kultur,
> - geografische Besonderheiten und
> - im Vorfeld erstellte Krisenpläne.

# 7 Krisen- und Einsatzplanung

Je nach Zeit, die zur Verfügung steht, können mehrere Prognosen erstellt werden:
- wahrscheinlichstes Szenario,
- Best-Case-Szenario oder
- Worst-Case-Szenario.

Sollten Sie aufgrund von Zeitmangel nicht mehrere Szenarien entwickeln können, ist bei Situationen, in denen ein Misserfolg mit erheblichen negativen Konsequenzen verbunden ist, die Worst-Case-Prognose zu erstellen. Grobplanungen sollten immer so früh wie möglich beginnen. Je weiter die Konsequenzen einer Entscheidung von dieser entfernt sind, desto weniger Fehler machen wir (Milkman et al., 2008).

Die Detailplanungen sollten aber so spät wie möglich, doch so rechtzeitig wie zur erfolgreichen Umsetzung notwendig, erfolgen. Im ersten Fall müssten Sie sonst mit großer Wahrscheinlichkeit zweimal planen, was Ihre mentalen Ressourcen vergeudet und im zweiten Fall könnte Ihre Planung nicht mehr umgesetzt werden, was den Einsatz evtl. gefährdet.

> **Beispiel für eine Komplexitätsreduzierung in der Krise – Bombenanschläge auf dem Boston Marathon, 2013:**
> Der Direktor des Trauma Centers eines Bostoner Krankenhauses organisierte die Patientenaufnahme so, dass die Aufnahmeteams nicht einen Massenanfall von Patienten beherrschen mussten, sondern separierte kleine Bereiche, in denen sich die Versorgungsteams auf einen Patienten konzentrieren konnten. Sein Ziel war es, dass seine Mitarbeiter das Gefühl bekamen, dass sie sich in einem Umfeld befinden, dass sie verstehen und beherrschen (Leonard et al., 2014).

Keine Planung kann alle Eventualitäten berücksichtigen und jedes Ereignis vorhersehen. Deshalb sollte die gewählte Handlungsoption möglichst agil sein (▶ Kapitel 7.3). Die entwickelten Pläne sollten möglichst vielen Prognosen möglichst lange entsprechen. Sie sollten es ermöglichen, dass die mit der Krisenbewältigung Beauftragten flexibel, aktiv, anpassungsfähig und mit Initiative selbst in hochdynamischen Lagen und bei unsicherer Informationslage agieren können. Mittels Führen mit Auftrag und dem Vorhalten von entsprechenden Reserven kann dies erreicht werden.

Die Schnelligkeit, mit der die Planung geändert werden kann, ist der Krise anzupassen. Ist sie zu langsam, können kurzfristig aufkommende Chancen nicht genutzt werden. Ist sie zu schnell, wird leicht das eigentliche Ziel der Planung aus den Augen verloren und man verliert sich im Mikromanagement. Pläne müssen:

- umsetzbar sein,
- ausreichend konkret sein, um die Handlungen der unterstellten Einsatzkräfte zu leiten, dabei aber flexibel genug, damit sie auch bei kleineren Situationsänderungen nicht unbrauchbar sind und
- glaubwürdig sein, damit die unterstellten Einsatzkräfte diese akzeptieren und motiviert umsetzen.

## 7.2 Kreative Planung

Für die meisten Krisen sind die Planungen nach Katastrophenschutz- und Zivilschutzgesetz, wie sie an vielen Landes- und Bundesschulen unterrichtet werden, nicht effizient. Sie sind für Fälle ausgelegt, in denen die Infrastrukturen nicht großflächig und langanhaltend ausgefallen sind. Meistens werden Sie als politisch verantwortliche Führungskraft während der Krisenbewältigung feststellen, dass auch vermeintlich perfekt ausgearbeitete Krisenpläne und eingeführte und geübte Krisenreaktionsstrukturen nicht zu Ihrem aktuellen Problem passen. Dann müssen Sie improvisieren.

So kann es bei einem großflächigen Stromausfall sinnvoller sein, die Arbeitsfähigkeit der Lebensmittelgeschäfte und -ketten wiederherzustellen als die Bevölkerung mittels der Betreuungszüge des Zivilschutzes zu versorgen. Neben der Sicherstellung der Grundversorgung ist eine Ihrer Hauptaufgaben als politisch verantwortliche Führungskraft, dass die Versorgung der Bevölkerung »gerecht« erfolgt. Kümmern Sie sich um die »Schwachen« in Ihrem Zuständigkeitsbereich. Versetzen Sie sich gedanklich in die Situation von Alten, Menschen mit besonderen Bedürfnissen, Kindern, Obdachlosen, Menschen, die der deutschen Sprache nicht mächtig sind, die unsere Kultur noch nicht verstehen usw. Denken Sie bei der Planung daran, dass Menschen ihr Schicksal möglichst mitbestimmen möchten. Tragen Sie dem Rechnung, indem Sie den Menschen zum einen eine möglichst große Entscheidungsfreiheit lassen und zum anderen sie um Mithilfe bitten. Die Covid-19-Pandemie zeigte eindrucksvoll, wie sich die Bevölkerung untereinander hilft.

Ein Hindernis für die Entwicklung kreativer Ideen ist Gruppendenken (▶ Kapitel 8.1). Dagegen hilft das Durchsprechen von alternativen Realitäten. Verschiedene Gruppen erarbeiten Optionen, wobei jede Gruppe ihre Planungen von einer anderen Sichtweise auf die gleiche Situation startet. Danach werden im gesamten Stab die Szenarien und die Optionen besprochen. Ziel ist es, festzustellen, welche Maßnahmen den größten Einfluss auf möglichst viele Optionen hat, um möglichst flexibel zu bleiben (▶ Kapitel 7.3). Bei der Planung sollten Trigger festgelegt werden, die möglichst früh anzeigen, wenn sich die Situation anders entwickelt als erwartet (▶ Kapitel 8.3). Diese Trigger sollten später ständig überprüft und deren Ergebnisse gut sichtbar im Stabsraum visualisiert werden.

Eine weitere Methode, um kreative Ideen zu bekommen, ist die Sicht aus der Vogelperspektive. Dazu liefert das Internet gute Informationen. Wie sehen nicht betroffene Menschen, die die Krise von außen beobachten, die Situation und die bereits eingeleiteten Maßnahmen? Überlegen Sie sich auch, welche Kapazitäten noch nicht voll genutzt werden. Um kreative Ideen zu entwickeln, sollten Sie nicht nur »Out-of-the-Box« denken, sondern auch Menschen außerhalb der üblichen Gefahrenabwehrorganisation befragen. Bei den gewerblichen Kammern und Gewerkschaften, Kirchen und humanitären Organisationen, Schulen, Kindergärten und Sportvereinen, Altenzentren und Tierheimen, überall finden Sie kreative Menschen, die Ihnen mit Rat und Tat zur Seite stehen. Doch dafür müssen Sie sie kennen. Bauen Sie sich deshalb vor der Krise ein entsprechendes Netzwerk auf. Und last but not least bietet das Internet vielfältige und teilweise wirklich innovative Ideen an.

## 7.3 Agile Planung

In Krisen stellt man des Öfteren fest, dass vorab festgelegte Aufgabenverteilungen nicht auf die aktuellen Herausforderungen zugeschnitten sind. Um eine effektive und effiziente Krisenreaktion aufzubauen, müssen Sie als politisch verantwortliche Führungskraft die Krisenorganisation, sprich die Aufgabenverteilung, anpassen oder evtl. vollkommen neu generieren. Führen erarbeitete Handlungsoptionen nicht zum erhofften Erfolg, so liegt dies häufig in Fehlern bei der Planung und hier besonders bei der Prognose:

- Es tritt ein Ereignis ein, das in der Planung berücksichtigt wurde, dessen Einfluss allerdings unterschätzt wurde.
- Es tritt ein Ereignis ein, das nicht vorhersehbar war.
- Es tritt ein Ereignis ein, das vorhersehbar war, aber nicht berücksichtigt wurde.

Besonders in der Chaosphase, wenn die Situation noch sehr komplex und dynamisch ist, ist die Wahrscheinlichkeit groß, Fehler bei der Planung von Handlungsoptionen zu machen. Deshalb sollten Sie als politisch verantwortliche Führungskraft eine Handlungsoption bevorzugen, die sich noch lange an eine andere Situation anpassen lässt. Das heißt, Sie sollten eine Option mit einer hohen Agilität wählen (Laufer et al., 2015).

## 7.3 Agile Planung

**Feinde von Flexibilität:**
- Bequemlichkeit,
- Engstirnigkeit,
- Übermotivation,
- Fanatismus,
- Stolz,
- Überheblichkeit.

Ihre Planung muss ein Spagat zwischen detaillierten, robusten kurzfristigen (taktischen) Anweisungen und langfristigen, flexiblen, agilen (strategischen) Überlegungen sein. Die reibungslose Überführung von strategischen Zielen in taktische Anweisungen wird mittels operativer Überlegungen sichergestellt. Eine klassische operative Aufgabe ist das Sicherstellen von ausreichend Ressourcen.

Die taktische Planung umfasst ca. die Zeit einer Dienstschicht, die operativen Überlegungen umfassen zwei bis drei Tage (je nach Situation) und die strategischen Ziele sollten mindestens für eine Woche festgelegt werden. Die Planungen werden von taktisch über operativ zu strategisch immer flexibler und weniger detailliert (▶ Bild 24).

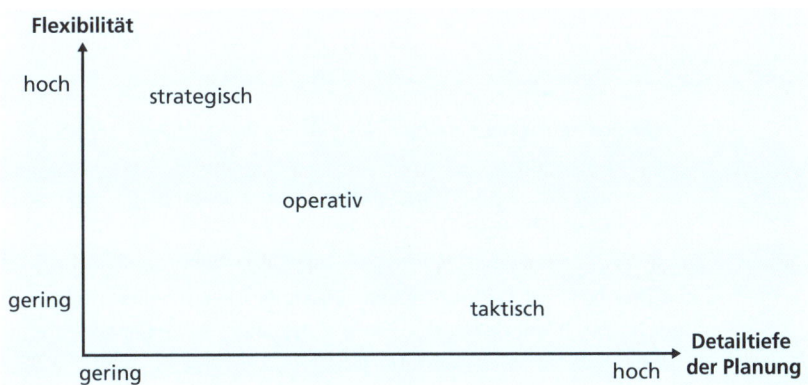

**Bild 24:** *Flexibilität und Detailtiefe der Planung*

Neben einer angepassten, flexiblen Planung bedarf es Vermeidungs- und Alternativpläne für die wichtigsten Risiken, die den Erfolg der gewählten Option gefährden könnten. Sie als politisch verantwortliche Führungskraft sollten sich eine »produktive Paranoia« anlegen. Ihre angeordneten Maßnahmen können fehlschlagen! Seien Sie deshalb immer auf der Hut und haben Sie stets einen Plan B in der Tasche! Lassen Sie sich möglichst nicht überraschen – antizipieren Sie Störungen.

Sie sollten auch »vor die Lage kommen«. D. h., dass Ihre Überlegungen nicht nur flexibel, sondern auch proaktiv sind. Und wenn Sie mal vor der Lage sind, sollten Sie sich bemühen dort zu bleiben. Wenn Planungsänderungen notwendig sind, weisen Sie diese so früh wie möglich an. Vergeuden Sie keine Zeit durch Zaudern.

Stellen Sie fest, dass Ihre Planungen geändert werden müssen, sollten Sie sich auch fragen, warum? Was ist schief gegangen, dass Ihre Ursprungsplanung nicht zum Erfolg führte? Und diese Erkenntnisse sollten Sie nun schon während der Krisenbewältigung in die Arbeit einfließen lassen. So erhalten Sie eine »im Einsatz lernende Krisenorganisation«. Das Performance-Controlling ergibt bessere Ergebnisse, wenn es durch externe, unabhängige Experten durchgeführt wird. Aber auch die Crowd des Internets bietet wichtige Aussagen über die Performance der Krisenmanager.

Der wesentliche Fehler, den Sie als politisch verantwortliche Führungskraft machen können, ist ins Mikromanagement zu verfallen. Deshalb sollten Sie sich – falls Sie nicht gleichzeitig die Funktion Leiter des Stabes übernommen haben, was nicht zu empfehlen ist – aktiv in die Gefahrenabwehr einbringen. In der Chaosphase ist das ein Muss (▶ Kapitel 5). Besuchen Sie Ihre Stäbe und die Krisenbewältiger vor Ort sowie – ganz wichtig – die Betroffenen. Zeigen Sie allen Ihr Engagement, ducken Sie sich nicht weg oder vergraben Sie sich nicht hinter dem Bildschirm an Ihrem Arbeitsplatz. Seien Sie

- menschen-orientiert (kümmern Sie sich um Betroffene und Einsatzkräfte),
- wissens-orientiert (bleiben Sie neugierig, fragen Sie immer mal wieder nach) und
- aktions-orientiert (fragen Sie, was bereits erreicht wurde und was gerade geschieht bzw. beabsichtigt ist).

In der Theorie werden fünf Arten von Führung u. a. nach deren Zentralisierungsgrad unterschieden (Alberts/Hayes, 2003). Sind Ihre unterstellten Führungskräfte es gewohnt, dass sie auf unterschiedliche Art und Weise geführt werden, können Sie je nach Krisensituation Ihren Führungsstil anpassen. Dadurch gewinnen Sie an Reaktionsfähigkeit, Vielseitigkeit, Flexibilität, Belastbarkeit, Innovationsfähigkeit und Anpassungsfähigkeit. Sind es Ihre unterstellten Führungskräfte allerdings von Ihnen nicht gewohnt, dass Sie Ihren Führungsstil je nach Situation ändern, so kann ein Wechsel schnell zu Frust und Verärgerung und somit zu einer großen Belastung für die Krisenreaktion führen.

## 7.3 Agile Planung

Eine agile Art der Führung wurde in den letzten Jahren gerade im Bereich der Softwareentwicklung eingeführt. Sie nennt sich »Scrum-Methode«.

> **Exkurs: Wie funktioniert Scrum?**
> 1. Personen sind wichtiger als Prozesse und Werkzeuge. Aufgaben werden um motivierte Personen gebildet, die die notwendigen Ressourcen zur Erfüllung der jeweiligen Aufgabe bekommen und das Vertrauen der Vorgesetzten genießen.
> 2. Reagieren auf Veränderungen ist wichtiger, als strikt einem Plan oder einer Prozedur zu folgen. Die Teams müssen eine Vision haben und Planungen durchführen. Sie planen aber nur die Schritte, die vor möglichen Lageänderungen umsetzbar sind. Sie sind bis spät im Umsetzungsprozess lernfähig.
> 3. Erstellen eines Prototyps/Erreichen eines Ergebnisses ist wichtiger als exzessives Dokumentieren. Die Teams testen schnell erste Ergebnisse im kleinen Umfang am Kunden. Bei einer positiven Reaktion werden die Ergebnisse großflächiger eingesetzt. Bei negativen Reaktionen wird das Testprodukt verbessert oder ein anderes entwickelt. Teammitglieder lösen Meinungsverschiedenheiten durch Experimente anstatt durch endlose Debatten oder Delegation nach oben.
> 4. Kundenbeteiligung ist wichtiger als strenge Verträge. Schnelle Prototypentwicklung, häufige Markttests und konstante Kundenbeteiligung bewirken, dass die Teams auf die Vorzüge für den Kunden fokussiert bleiben.
> 5. Die grundlegenden Prinzipien sind:
>    - Die Teams bestehen üblicherweise aus 3 bis 9 Personen.
>    - Jedes Team ist interdisziplinär besetzt und verfügt über alle Kompetenzen, die für die Lösung des gestellten Problems benötigt werden.
>    - Jedes Team managt sich selbst, um eine für sich optimale Arbeitsweise zu entwickeln und ist für jeden Aspekt seiner Arbeit verantwortlich.
>    - Für jedes Team wird ein »Initiative Owner« ernannt, der letztendlich gegenüber den Kunden und dem Betrieb verantwortlich ist.
>    - Das Team entscheidet selbst, wie es die Aufgabe, die es übertragen bekommen hat, erledigt. Dabei ist Geschwindigkeit wichtiger als Genauigkeit. In kurzen Arbeitszyklen, sogenannten »Sprints«, werden erste Ergebnisse produziert und am Kunden getestet.
>    - Der Prozess ist für jedermann transparent, wodurch auch Außenstehende jederzeit sehen, womit sich das Team gerade beschäftigt.
>    - Dank der bereichsübergreifenden Rekrutierung der Teammitglieder bestehen gute Verbindungen zu einer Vielzahl von Einheiten der Organisation.
>    - Ein »Process Facilitator« coacht das Team. Er bewahrt das Team vor Störungen und hilft das gesamte geistige Potential der Gruppe in den Arbeitsprozess einzubringen.
>    - Die Führung der Organisation steht hinter Scrum und wendet die Methode bestenfalls ebenfalls an. Ist sie mit einer Entscheidung des Initiative Owners

> nicht einverstanden, so hat sie diese nicht zu korrigieren, sondern ggf. den Initiative Owner auszutauschen.
> – Wichtig beim Scrum ist Vertrauen in den Initiative Owner und in das gesamte Team. Als vorgesetzte Person hat man nur vorzugeben, **was** zu erreichen ist, nicht **wie** etwas zu erreichen sein soll (vgl. »Führen mit Auftrag«).

Die Bedingungen für eine erfolgreiche Nutzung von Scrum entsprechen denen in einer Krise. Von daher sollte Scrum in Krisensituationen auch positive Ergebnisse liefern. Aufgaben werden an motivierte, interdisziplinär besetzte Kleingruppen gegeben, die ihre Aufgaben selbst managen. Diese planen aber nur die Schritte, die bis zur vermuteten nächsten Änderung der Situation durchgeführt werden können, also bis maximal nach der Lagebesprechung des höheren Führungsgremiums (▶ Kapitel 4). Durch den Einsatz einer Vielzahl von Kleingruppen, wird es möglich, Teilprobleme parallel anstatt separiert hintereinander abzuarbeiten. Sind Sie als politisch verantwortliche Führungskraft mit einer Entscheidung des »Initiative Owners« nicht einverstanden, sollten Sie diesen nicht korrigieren, sondern eher austauschen.

Auf etwaige Veränderungen zu reagieren, egal woher sie kommen, ist wichtiger als strikt an einem Plan festzuhalten oder einer Prozedur zu folgen. Die Kleingruppe entscheidet selbst, wie es die übertragene Aufgabe erledigt. Geschwindigkeit ist dabei wichtiger als Genauigkeit und das Erreichen eines Ergebnisses ist wichtiger als eine exzessive Dokumentation. Auch beim kommunalen Krisenmanagement gilt, dass die Verbesserung der Situation für die Betroffenen wichtiger ist als gerichtsfeste Dokumente zu erstellen. Erste Ideen werden schnell in kleinen Bereichen an wenig betroffenen Menschen getestet (vgl. z. B. das Vorgehen der Behörden während der Covid-19-Pandemie). Zeigen sie positive Ergebnisse, werden sie flächendeckend ausgerollt. Bei negativen Ergebnissen wird die Idee verbessert oder eine andere ausprobiert. Der Prozess ist für jedermann transparent, so dass Außenstehende jederzeit nachvollziehen können, womit sich eine Kleingruppe beschäftigt und wie der Arbeitsstand ist. Bearbeiten mehrere Kleingruppen gleiche Aufgaben in unterschiedlichen örtlichen Bereichen, werden schnell mehrere Handlungsoptionen an der Realität getestet. Dies entspricht auch dem föderalen und subsidiären Aufbau der staatlichen Verwaltung in Deutschland.

Meinungsverschiedenheiten zwischen den Verantwortlichen der Planung werden so durch Experimente und nicht durch langfristige Debatten oder Delegation nach oben gelöst. Während der Covid-19-Pandemie konnte diese Vorgehensweise im deutschen Schulsystem beobachtet werden. Die Lehrerkollegien setzten sich zusammen und kreierten Lösungen, die sie ausprobierten und ggf. durch Nachahmen von Ideen anderer Schulen verbesserten. Die schnelle Umsetzung von Ideen vor Ort und die entsprechenden Vergleiche mit den Erwartungen (▶ Kapitel 8.3) führen dazu, dass die Planenden die Betroffenen nicht aus den Augen verlieren. Der Fokus bleibt so auf der Verbesserung der Situation für die Betroffenen.

Wichtig bei der Nutzung von Scrum ist, dass Sie als politisch verantwortliche Führungskraft Ihren »Initiative Ownern« und deren Kleingruppen vertrauen. Als Vorgesetzter haben Sie nur das Ziel vorzugeben, nicht den Weg (▶ Kapitel 3.4). Aber Sie müssen darauf achten, dass alle die Gesamt-Prioritätenliste im Auge behalten. Bei Scrum besteht nämlich die Gefahr, dass die einzelnen Kleingruppen das Gesamtbild aus den Augen verlieren.

## 7.4 Nutzen der Szenario-Technik zur Planung

Unvorhersehbarkeit in der Krise ist ein bedeutender Stressfaktor für Planer und Entscheider. Durch die Nutzung der Szenario-Technik kann dieser Stress reduziert werden. Auch hilft diese Methode, die Erfahrungen aus vergangenen Krisen nicht überzubewerten und dadurch in obsoleten Vorstellungen gefangen zu bleiben. Die menschliche Fähigkeit, Prognosen in seltenen, hoch dynamischen, komplexen Situationen zu erstellen, ist eher gering. Hier kann die Nutzung der Szenario-Technik sowohl zur Vorbereitung auf Krisen wie auch zur Krisenreaktion weiterhelfen. Sie erfolgt üblicherweise in vier Schritten:

1. Einflussfaktoren bestimmen und priorisieren,
2. alternative Entwicklungen durchdenken,
3. Szenarien paarweise auf Konsistenz prüfen und
4. auf die Planungen übertragen.

Die Szenario-Technik kombiniert zukunftsoffenes und systemisches Denken. Szenarien sind nutzvolle Geschichten, die beschreiben, wie sich eine Situation weiterentwickeln könnte, aber sie sind keine Prognosen und Fortschreibungen der Vergangenheit in die Zukunft. Folgende Schritte sind im Einzelnen auszuführen (Wright/Goodwin, 2009):

# 7 Krisen- und Einsatzplanung

1. Auswahl der Szenariodimensionen
   a) Identifizieren von vorab bestimmbaren und kritischen nur unsicher bestimmbaren Komponenten.
   b) Kategorisierung dieser Komponenten unter sozialen, technologischen, ökonomischen, ökologischen und politischen Gesichtspunkten.
   c) Erstellen von kategorieübergreifenden Clustern zwischen diesen Komponenten (z. B. durch Ziehen eines Pfeils von jeder Komponente zu derjenigen, die diese beeinflusst).
   d) Identifizieren der Cluster, die sowohl einen großen Einfluss auf die Problemstellung haben als auch mit einer großen Unsicherheit behaftet sind.
   e) Die beiden Cluster, die den größten Einfluss und die größte Ungewissheit über den Einfluss miteinander kombinieren, werden als »Szenariodimensionen« ausgewählt.
2. Erstellen der Szenarien
   Die Szenariodimensionen werden zur Erstellung von vier detaillierten Szenarien verwendet, entwickelt von einem gemeinsamen, zeitlichen Ausgangspunkt, aber endend in vier verschiedenen, jedoch plausiblen, kausal entfalteten Endzuständen. Der Ausgangspunkt kann entweder im Jetzt und die Endpunkte können in der Zukunft liegen (Vorwärtsentwicklung) oder umgekehrt, der gemeinsame Ausgangspunkt ist das Ziel, welches erreicht werden soll und die Endpunkte liegen im Jetzt (Rückwärtsentwicklung).
3. Analyse der Akteure
   a) Was tun diese, wenn sich ein bestimmtes Szenario entfaltet?
   b) Bewerten der Strategien der Akteure in Bezug auf jedes der Szenarien: Ist das Szenario robust gegenüber einer Reihe von Szenarien oder ist es fragil gegenüber einigen?

Hat man nicht die Möglichkeit entsprechende Computer-Simulationsprogramme zu nutzen, muss man sich auf wenige Schlüsselfaktoren beschränken. Schon 20 Faktoren, bei denen man zwischen drei Werten entscheiden kann, ergeben 1 500 verschiedene Kombinationen. Folgende Regeln sollten Sie bei der Nutzung der Szenario-Technik beachten:

- Reduzieren Sie die Komplexität (▶ Kapitel 6.2), konzentrieren Sie sich auf wenige Schlüsselfaktoren.

## 7.4 Nutzen der Szenario-Technik zur Planung

- Fokussieren Sie sich auf das wesentliche Problem, vernachlässigen Sie vorerst Randprobleme.
- Denken Sie auch immer das Undenkbare, installieren Sie einen Advocatus Diaboli.
- Nutzen Sie fundierte Prognosen, schützen Sie sich vor Propheten.
- Achten Sie auf die Trennschärfe bei den Szenarien, vermeiden Sie sich überlappende Szenarien.
- Beauftragen Sie immer wenigstens zwei unabhängige Gruppen für die Szenario-Entwicklung, prüfen Sie die unterschiedlichen Aussagen dieser Gruppen.
- Formulieren Sie das Problem sorgfältig, vermeiden Sie eine Fachsprache.

# 8 Entscheidungsfindung – Kernkompetenz einer jeden Führungskraft

*»Nichts ist schwieriger und darum wertvoller, als die Fähigkeit zu entscheiden.«*
*(Napoleon I.)*

Die Nützlichkeit einer Entscheidung ist von zwei Parametern abhängig:
- die Qualität der Entscheidung und
- die Rechtzeitigkeit.

Die beste Entscheidung nutzt nichts, wenn sie zu spät umgesetzt wird. Diszipliniert arbeitende Gruppen entscheiden in der Regel – aber nicht immer – besser als Einzelpersonen. Untersuchungen von Fehlentscheidungen zeigten, dass entweder der Entscheidungsprozess Fehler generierte oder die Gruppenmitglieder psychologisch bedingten Fehlern unterlagen.

Auch wenn Sie als politisch verantwortliche Führungskraft Berater oder Stäbe an der Entscheidungsfindung beteiligen, die Verantwortung bleibt letztendlich bei Ihnen. Sie sollten immer bedenken, dass Sie das Geld anderer Menschen einsetzen. Sie müssen auch in der Krise die rechtlichen Rahmenbedingungen einhalten. Die Gemeindeordnung und die Gemeindehaushaltsverordnung wird durch eine Krise nicht automatisch außer Kraft gesetzt. Häufig müssen in einer Krise die Entscheidungen schnell und trotz mangelhafter Informationslage getroffen werden. Eine sehr wirksame Methode in unübersichtlichen Krisen ist »Trial-and-Error«: Lernen vom Erfolg und Misserfolg und entsprechendes Adaptieren. Aber Entscheidungen allein sind nutzlos – sie müssen auch umgesetzt werden. Bei komplexen und dynamischen Lagen benötigt man für diese Umsetzung i. d. R. mehr als einen Akteur. Deshalb ist eine weitere wichtige Führungsaufgabe die Koordination der Behörden, Organisationen und der Teile der Zivilgesellschaft, die an der Krisenbewältigung aktiv beteiligt sind (▶ Kapitel 4).

Prinzipiell können zwei Arten der Entscheidungsfindung unterschieden werden: die rationale (Kopfentscheidung) und die intuitive (Bauchentscheidung). In der Realität wird aber fast immer eine Mischung aus beiden genutzt. Je mehr Zeit Ihnen zur Verfügung steht, umso eher sollten Sie die rationale Methode verwenden.

## 8.1 Fundamentale Prinzipien der Entscheidungsfindung

> **Tipp:**
> Wann sollten Sie intuitiv entscheiden?
> 1. Wenn Sie über viel Erfahrung verfügen.
> 2. Wenn das Problem unstrukturiert ist.
> 3. Wenn Sie unter Zeitnot leiden.

## 8.1 Fundamentale Prinzipien der Entscheidungsfindung

Als Führungskraft werden Sie des Öfteren zwischen Alternativen entscheiden müssen, die einen erheblichen Einfluss auf die Betroffenen haben werden. Dabei müssen Sie Risiken (Gefahr und Eintrittswahrscheinlichkeit) für Betroffene, Tiere, Umwelt, Sachwerte und Ihre Einsatzkräfte abwägen.

> **Merke:**
> Jede Entscheidung ist durch Unsicherheit belastet. Als politisch verantwortliche Führungskraft müssen Sie Entscheidungen aufgrund von Informationen treffen, die Sie nicht vollständig verstehen.

Viele Verantwortliche – und auch Einsatzkräfte – sind bereit, höhere Risiken einzugehen, wenn es um ein hohes Ziel, wie z. B. die Bewahrung von Menschenleben, geht. Schwierig wird die Situation, wenn sie sich zwischen zwei Menschenleben entscheiden müssen (vgl. z. B. die Anzahl der Intensivbetten während der Covid-19-Pandemie, vgl. Karsten/Voßschmidt, 2020). Das Bundesverfassungsgericht bezieht hierzu in seiner ständigen Rechtsprechung deutlich Stellung: Ein Aufwiegen von Leben gegen Leben ist nicht erlaubt! Somit ist es nicht gestattet, Rentnern nicht zu helfen, um Kinder zu retten. Es ist aber auch nicht gestattet, einer Person nicht zu helfen, um fünf andere zu retten. Eine Reihenfolge festzulegen, wie die bedrohten Menschen gerettet werden sollen, mit dem Ziel möglichst viele Menschenleben zu retten, steht dagegen im Einklang mit dem Grundgesetz. Dazu kann es aus Gründen der Zeitknappheit notwendig sein, ein einfach nachvollziehbares und sofort umsetzbares Prinzip zu verwenden (vgl. z. B. Triage-Regelungen bei einem Massenanfall von Verletzten oder Erkrankten). Die Anwendung eines solchen Prinzips bedarf der Anordnung des Entscheidungsbefugten, also von Ihnen. Sie können diese Aufgabe an geeignete Personen (z. B. leitende Notärzte) delegieren. Häufig sind diese Prinzipien allgemein bekannt, sodass die Anwendung durch schlüssiges Handeln

**8** Entscheidungsfindung – Kernkompetenz einer jeden Führungskraft

der Einsatzkräfte erfolgen kann. Das Prinzip sollte die zwei – nur subjektiv bestimmbaren – Einflussfaktoren »Gefährdung der Betroffenen« und »Erfolgswahrscheinlichkeit der geplanten Rettungsmaßnahmen« berücksichtigen (▶ Bild 25). Bei der Einzelabwägung zwischen zwei Menschenleben sollten Sie Immanuel Kant berücksichtigen: »Als Mensch kann kein Arzt, kein Erzieher oder bedeutender Staatenlenker mehr wert sein als das geringste, scheinbar nutzloseste Mitglied der menschlichen Gesellschaft.«

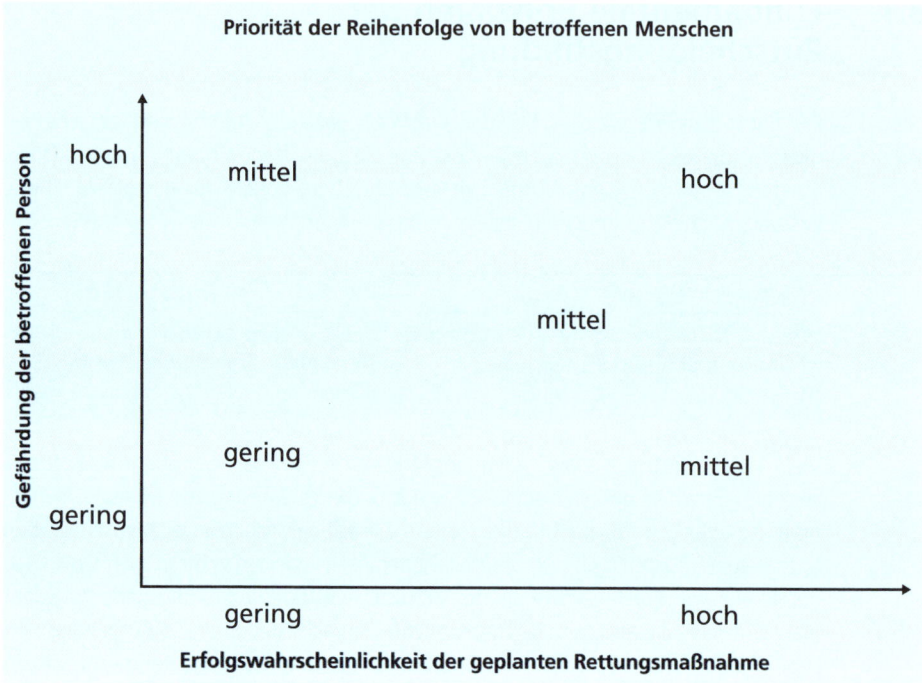

Bild 25: *Priorität zur Rettung von Menschenleben*

Auch Prioritäten für die Rettung von Sachwerten festzulegen, kann entsprechend schwierig werden. Ist ein Gemälde von David Teniers II. mehr Wert – und rechtfertigt somit das Eingehen eines höheren Risikos – als der FIFA-Weltpokal? Schwierig wird die Entscheidung auch bei der Gefährdung von persönlichen Erinnerungsstücken: Fotoalben der Großeltern, Kuscheltier des Kindes, Haustiere etc. besitzen häufig eine sehr große Bedeutung für die Besitzer und rechtfertigen das Eingehen eines höheren Risikos. Auch weit entfernte Personen – objektiv gesehen Nichtbetroffene – können

## 8.1 Fundamentale Prinzipien der Entscheidungsfindung

sich subjektiv betroffen fühlen und z. B. Angstreaktionen zeigen. Begeben Sie sich einfach mal in die Situation anderer Personen, um ein Gefühl davon zu bekommen, wie die nähere und weitere Öffentlichkeit von einer Krise betroffen ist. Ihre Entscheidungen als politisch verantwortliche Führungskraft haben auf einem ethischen Fundament zu ruhen! Dieses ist essenziell, um das Vertrauen der Öffentlichkeit in Ihre Person und Zuversicht in die Wirksamkeit Ihrer Entscheidungen zu sichern.

> **Merke:**
> Oft vermeiden wir eine Entscheidung zu treffen, weil wir es allen recht machen wollen.

Handlungen können kurzfristig positiv wirken, mittel- bis langfristig allerdings negativ. Und diese negativen Folgen können schwerwiegender sein als der kurzfristige Erfolg. Sie als politisch verantwortliche Führungskraft haben aber alle Folgen zu beachten. Und manchmal ist es nicht leicht, gegenüber Mitarbeitern, den Medien und der Öffentlichkeit die langfristigen Erfolge gegenüber den kurzfristigen zu verteidigen.

> **Tipp:**
> Achten Sie stets auf die Umsetzung Ihrer Entscheidungen!
> Eine erstklassige Ausführung eines zweitklassigen Planes ist in der Regel besser als ein brillanter Plan, der nur mittelmäßig umgesetzt wird.

Um fundiert Entscheidungen treffen zu können, sollten Sie als Führungskraft folgendes beachten:
- Denken Sie in Zusammenhängen.
- Sehen Sie das Ganze vor den Teilen.
- Gewinnen und bewahren Sie den Überblick über das Ganze.
- Haben Sie stets den Blick für das Wesentliche.
- Messen Sie Details das richtige Gewicht zu und belassen Sie sie am richtigen Platz im Rahmen des Ganzen.

# 8 Entscheidungsfindung – Kernkompetenz einer jeden Führungskraft

## 8.2 Rationale Entscheidungsfindung

Die rationale Entscheidungsfindung wird in vielen Dienstvorschriften (z. B. FwDV/DV 100) und Lehrbüchern der Wirtschaftswissenschaften (z. B. über den Deming-Kreis) in unterschiedlichen Darstellungen beschrieben (▶ Bild 26).

> **Exkurs: Deming-Kreis**
> Der Deming-Kreis ist auch als PDCA-Zyklus bekannt und wurde von Herrn Deming für das Qualitätsmanagement eingeführt. Er besteht aus vier Phasen:
> - Planen (Plan)
>   Ziele festlegen, Optionen erarbeiten, entscheiden, detaillierten Plan entwickeln
> - Durchführen (Do)
>   Plan umsetzen und Ergebnisdaten sammeln
> - Überprüfen (Check)
>   Abgleich zwischen festgelegten Zielen und erreichten Ergebnissen
> - Handeln (Act)
>   Basierend auf den Ergebnissen von Drittens evtl. Anpassungen vornehmen

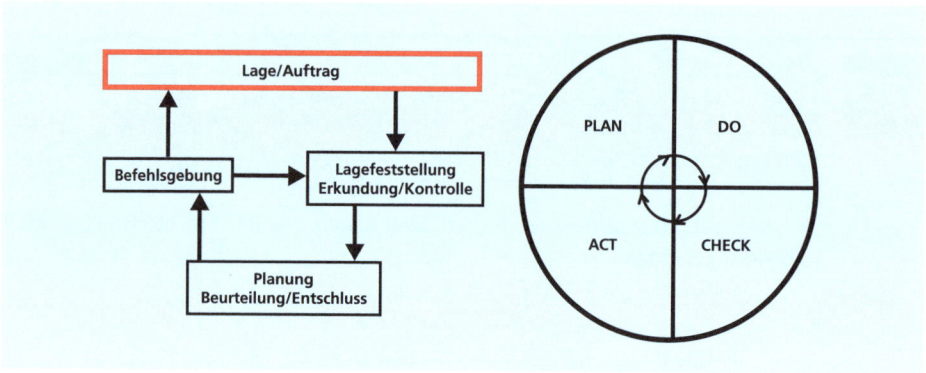

**Bild 26:** *Führungskreislauf der FwDV/DV 100 und Deming-Kreis*

Der erste Schritt ist die Zielvorgabe durch Sie als politisch verantwortliche Führungskraft. In Krisen müssen Sie unter Umständen mehrere Ziele verfolgen. Dann müssen Sie die Ziele priorisieren – Sie haben eine Hierarchie der Probleme aufzustellen. Achten Sie dabei darauf, dass jeweils nur ein Ziel zu einer Priorität gehören darf. Es ist Ihre Pflicht eine eindeutige Reihenfolge vorzugeben. Nur so können Ihre Mitarbeiter Mangelressourcen entsprechend einsetzen und diese nicht im Gießkannen-Prinzip verschwenden.

## 8.2 Rationale Entscheidungsfindung

Die Prioritäten ergeben sich aus der Krisenstrategie (Auftrag und Leitlinien der politisch verantwortlichen Führungskraft, ▶ Kapitel 2.4). Danach sind die vorhandenen Informationen zielgerichtet auszuwerten und ggf. müssen zusätzliche beschafft werden.

**Merke:**

Stellen Sie Fragen,
- um die Situation besser zu verstehen.
- um angrenzende Aspekte zu berücksichtigen.

In der Planung müssen mehrere Optionen zur Neutralisierung der Gefahr/Bedrohung mit der obersten Priorität erarbeitet werden (▶ Kapitel 9.6). Wird nur eine Option erarbeitet, so kann der Entscheider keine Entscheidung treffen.

Kriterien für Ihre Entscheidung können sein:

- **Ergebnis bei einer erfolgreichen Umsetzung der Handlungsoption**
  Dieser Punkt ist mit dem nächsten zusammen zu betrachten. Ihre Risikoakzeptanz und Ihr Bestreben nach der Vermeidung von Misserfolgen sind ausschlaggebend dafür, welche Entscheidung Sie letztendlich treffen werden. Problematisch ist, dass wir Menschen je nach Darstellung des Problems eher Risiken eingehen oder eher Risiken vermeiden, obwohl die Chancen objektiv gleich sind.
- **Folgen bei einem Misslingen der Handlungsoption**
- **Wahrscheinlichkeit, dass die Handlungsoption erfolgreich umgesetzt werden kann**
- **Zeitliche Entwicklung der Flexibilität einer Handlungsoption**
  Gerade in komplexen und dynamischen Krisen ist es sinnvoll, Optionen zu wählen, bei denen Sie möglichst noch lange auf eine andere umschwenken können.
- **Kosten der Umsetzung der Handlungsoption**
  Aus der Regelverwaltung kennen Sie es, dass jede Person über ein festgelegtes Budget entscheiden darf. Soll dies überschritten werden, muss eine höher gestellte Führungskraft entscheiden. In Krisenfällen wird die Gemeinde- und die Haushaltsordnung nicht außer Kraft gesetzt. Und man sollte nicht darauf setzen, dass nach einer Krise das Land oder der Bund die Kosten schon übernehmen wird. Deshalb ist es sinnvoll, in den Krisenplänen vorzugeben, über welche Mittel welches Gremium entscheiden darf.

- **Zeit der Umsetzung der Handlungsoption**
  Die Umsetzungszeit wird häufig nicht ausreichend in Betracht gezogen. Wenn eine Flutwelle nach drei Stunden einen Ort zu überfluten droht, die Deichverstärkung allerdings vier Stunden dauert und die Evakuierung zwei Stunden, sollten Sie keine Ressourcen mehr für die Deichverteidigung vergeuden.

Die einzelnen Kriterien sind nicht unabhängig voneinander. So erkaufen Sie sich häufig die Schnelligkeit der Umsetzung mit erhöhten Kosten. Im Krisenmanagement kann nur in seltenen Fällen empfohlen werden, eine Option zu wählen, die den höchsten Erfolg verspricht, wenn der Erfolg eher unwahrscheinlich und der Verlust bei einem Scheitern existenziell gefährdend ist. Ein solches Vorgehen ist Roulette-Spielern vorbehalten und fast immer ein No-Go für politisch verantwortliche Führungskräfte. Neben den oben genannten Kriterien kann es je nach Krisensituation weitere Aspekte geben, die zu berücksichtigen sind.

> **Merke:**
> Folgende Fragen sollten Sie bei der Krisenbeurteilung beantworten:
> - Welche Gefahren und Bedrohungen bestehen für Menschen, Tiere, Umwelt, Sachwerte?
> - Welche Gefahren und Bedrohungen bestehen für die Funktionsfähigkeit meiner Verwaltung und anderer Unternehmen der Kritischen Infrastruktur?
> - Welche Gefahr bzw. Bedrohung muss als erstes neutralisiert werden?

Nur selten wird es eine Handlungsoption geben, die in allen Punkten den anderen überlegen ist. Sie als politisch verantwortliche Führungskraft haben sowohl Prioritäten und Gewichtungsfaktoren für die einzelnen Kriterien festzulegen wie auch Grenzwerte, die nicht über- bzw. unterschritten werden dürfen. Besonders dürfte dies für Budget- und Zeitkriterien gelten. Alle Handlungsoptionen, die mindestens gegen einen Grenzwert verstoßen, sind abzulehnen. Sollten alle Optionen gegen Grenzwerte verstoßen, ist entweder neu zu planen, um eine Option zu finden, die sich innerhalb des festgelegten Bereiches befindet. Oder Sie verändern als politisch verantwortliche Führungskraft einen bzw. mehrere der Grenzwerte (z. B. das Budget) so, dass sich mindestens eine Option innerhalb der Grenzen befindet.

Folgende Fragen sollten Sie bei der Bewertung der verschiedenen Handlungsoptionen beantworten:
- Welche Möglichkeiten bestehen, um die Krise zu beherrschen?
- Welche Gefahren beinhalten die unterschiedlichen Handlungsoptionen

### 8.2 Rationale Entscheidungsfindung

- für die Betroffenen?
- für die Öffentlichkeit?
- für die Krisenbewältigungskräfte?
- für Ihre Verwaltung?
- für Unternehmen der KRITIS?
- für die Wirtschaft allgemein?
* Welche Vor- und Nachteile haben die verschiedenen Handlungsoptionen?
* Welche Option ist unter Berücksichtigung der vorgegebenen Krisenstrategie somit die beste?

Um die Entscheidungsfindung zu erleichtern, können die Kriterien, deren Grenzwerte und die geschätzten Werte der einzelnen Handlungsoptionen grafisch dargestellt werden (▶ Bild 27).

**Diskussion zu ▶ Bild 27**

*Handlungsoptionen*

- **Option A**
  Die Erfolgswahrscheinlichkeit und die Zeitdauer der Umsetzungen liegen außerhalb der Grenzwerte, die durch die politisch verantwortliche Führungskraft festgelegt wurden. Bei einem Erfolg wäre das Ergebnis das Zweitbeste. Die Folgen bei einem Misslingen sind auch noch zu tolerieren. Die Flexibilität und die Kosten der Option sind auch recht gut.
- **Option B**
  Diese Option verletzt keinen Grenzwert.
- **Option C**
  Diese Option ist die schnellste, würde allerdings nur einen zu kleinen Erfolg bringen.
- **Option D**
  Auch diese Option verletzt keinen Grenzwert. Sie ist teurer als Option B, liefert aber ansonsten gleiche oder bessere Ergebnisse als B.

Sie als politisch verantwortliche Führungskraft müssen nun entscheiden, ob die Option B oder D umgesetzt werden soll.

Haben Sie sich für eine Handlungsoption entschieden, kann diese folgendermaßen durch Ihre Stäbe optimiert werden:

# 8 Entscheidungsfindung – Kernkompetenz einer jeden Führungskraft

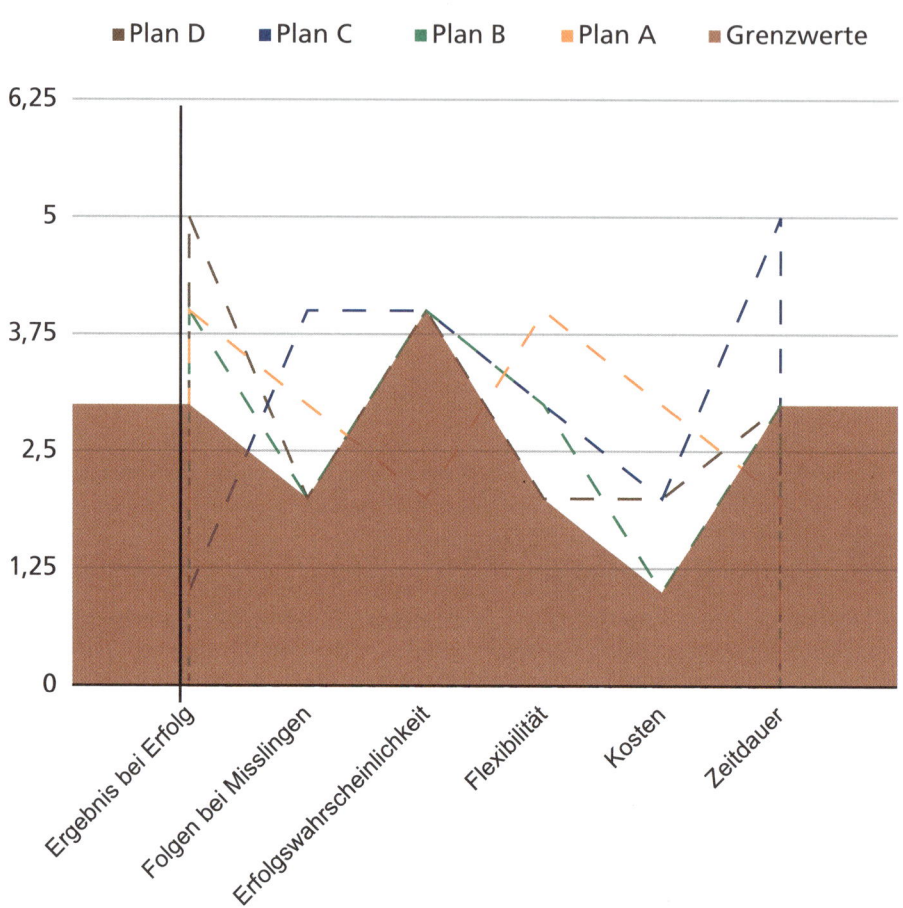

**Bild 27:** *Grafische Gegenüberstellung von verschiedenen Optionen*

- Minimierung des Mitteleinsatzes bei festgeschriebenem Einsatzergebnis – im Bevölkerungsschutz sollte dies in der Regel bei kleineren Schadenfällen angestrebt werden, für die eine ausreichende Anzahl an Krisenbewältigungskräften zur Verfügung stehen.
- Maximierung des Einsatzergebnisses bei festgeschriebenem Mitteleinsatz – im Bevölkerungsschutz sollte dies in der Regel bei größeren Einsatzlagen

- in der Anfangsphase angestrebt werden, wenn noch nicht ausreichend viele Krisenbewältigungskräfte einsatzbereit sind.
  - Suchen von Nebenminima für den Mitteleinsatz und das Einsatzergebnis, sodass ein ausgewogenes Verhältnis zwischen beiden erreicht wird – im Bevölkerungsschutz sollte dies bei größeren Schadenfällen im weiteren Verlauf der Krisenbewältigung angestrebt werden.

Nach Dijksterhuis et al. (2006) beansprucht eine bewusste, rationale Entscheidungsfindung kognitive Ressourcen. Und je komplexer ein Problem ist, desto mehr Ressourcen werden gefordert, wodurch sich die Qualität eines Entschlusses mit zunehmender Komplexität verringert. Sie kommen zu dem Schluss, dass schwierige Entscheidungen unser bewusstes Denkvermögen überfordert. Wenn dies so ist, kann die intuitive Entscheidungsfindung weiterhelfen.

**Achtung: Gründe für schlechte Entscheidungen:**
1. faul sein,
2. nicht auf unerwartete Ereignisse vorbereitet sein,
3. keine Entscheidung treffen,
4. nur in die Vergangenheit schauen,
5. keine strategische Ausrichtung haben,
6. zu sehr auf Andere bauen,
7. sich isolieren,
8. fehlendes Fachwissen,
9. nicht ausreichend kommunizieren (Wer?, Was?, Wo?, Wann?).

## 8.3 Intuitive Entscheidungsfindung

Wissenschaftliche Untersuchungen zeigen immer wieder, dass gerade unter Stress Menschen dazu neigen, intuitiv (aus dem Bauch) zu entscheiden. Werden Entscheider im Nachhinein befragt, rationalisieren einige ihre Entscheidungen, da sie nicht zugeben wollen, dass sie aus dem Bauch entschieden haben – oder nur etwas Glück gehabt haben. Alle wissenschaftlichen Versuchsszenarien, die nahelegen, dass wir unter Stress intuitiv entscheiden, leiden allerdings an Künstlichkeit. Garry Klein (2003) empfahl deshalb einen intuitiven Entscheidungsprozess, in dem Controlling- und Feedback-Schleifen eingebaut sind (▶ Bild 28).

# 8 Entscheidungsfindung – Kernkompetenz einer jeden Führungskraft

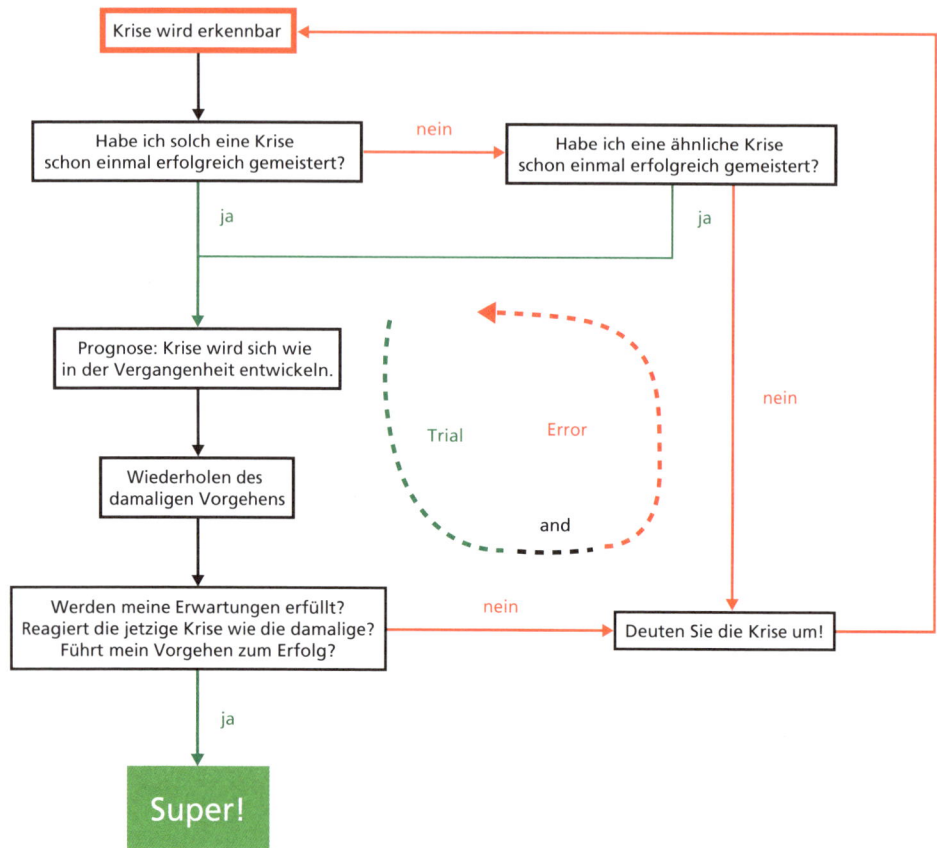

**Bild 28:** *Entscheidungsprozess nach Gary Klein*

Tritt eine Krise auf, kopieren wir unser Situationsbewusstsein in unser Gehirn. Dieses vergleicht das Bild jetzt automatisch mit unseren Erfahrungen und da wir nur das denken können, was wir kennen, wird unser Gehirn auch ein identisches oder ein ähnliches Bild finden. Haben wir in der Vergangenheit – oder jemand anderes, von dem wir gelernt haben – solch ein Problem schon einmal gelöst, dann wenden wir das alte, erfolgreiche Vorgehen wieder an. Selbst wenn unsere Erfahrungen mehr oder weniger von dem jetzigen Problem abweichen, kopieren wir das ehemalige Vorgehen. Nur wenn unsere Erwartungen nicht eintreten und wir keine erfolgreiche Option finden oder wenn wir keinerlei Erfahrung mit der herrschenden Krisen-

## 8.3 Intuitive Entscheidungsfindung

situation haben (bei Black Swan-Ereignissen nach Taleb), sind wir gezwungen auf die rationale Entscheidungsfindung zurückzugreifen. Aber häufig werden wir beim Herumstochern im Nebel auf eine erfolgreiche Option stoßen. In Krisensituationen haben wir nur sehr selten die Zeit für umfangreiche Analysen, die Entwicklung von Handlungsoptionen und deren Tests in entsprechenden Simulationen. Die Tests müssen an der Realsituation erfolgen (vgl. z. B. die Covid-19-Pandemie und die unterschiedlichen Bekämpfungsstrategien in den unterschiedlichen Staaten).

Wesentlich ist, dass der Entscheider das Ergebnis seiner Entscheidung mit seinen Erwartungen abgleicht. Dies kann in der Regel nur mit einem Zeitverzug geschehen (▶ Kapitel 7). Suchen Sie immer nach Informationen, die Ihren Hypothesen widersprechen. Kommt es zu Abweichungen müssen Sie entsprechend nachsteuern. Die Methode erinnert an die Methode »Trial-and-Error«.

In der Regel werden wir den Strang »Habe ich solch eine Krise schon einmal gemeistert?« nicht nutzen können. Denn zwei Krisensituationen sind nie identisch. Selbst wenn die Gefahr oder Bedrohung vollkommen gleich sein sollte, finden die Ereignisse zu zwei verschiedenen Zeitpunkten statt und die Randparameter (wie z. B. die Erfahrungen und die Einstellungen der Menschen) haben sich geändert.

> **Beispiel einer Problemlösung unter Rückgriff auf Erfahrungen:**
>
> Sie sehen am Eingang des Supermarktes eine selbstöffnende Tür. Die Tür ist geschlossen, Sie möchten aber in den Supermarkt. In Ihrer Erfahrung ist gespeichert, dass sich automatische Türen öffnen, wenn man auf sie zugeht. Also entschließen Sie sich auf die Tür zuzugehen.
>
> Als jemand, der Klein nicht befolgt und Optimist ist, gehen Sie beherzt auf die Tür zu. Als Anhänger der Theorie Kleins gehen Sie auf die Tür zu und beobachten, was passiert: Tür noch zu, noch zu, ….
>
> Nun kommt es aber schon mal vor, dass sich die Tür nicht öffnet. Der optimistische »Nicht-Klein-Anwender« wird dem Fensterputzer einen erstaunten Gesichtsausdruck an der Glasscheibe hinterlassen. Der »Klein-Anwender« deutet das Problem um: Ich war zu schnell oder zu klein. Nun wiederholt er den Entscheidungsprozess, geht vor und zurück und winkt in Richtung des oberen Bereiches der Tür. Manche versuchen auch beide Optionen gleichzeitig.
>
> Stellen Sie sich bitte einen Wissenschaftler vor, der von einem isolierten Volk des Amazonas nach Deutschland kommt und das Verhalten der Deutschen untersuchen möchte. Er könnte schnell zu dem Eindruck kommen, dass Deutsche an einen Geist glauben, den man mittels eines rituellen Tanzes milde stimmen muss, bevor dieser die Tür öffnet.
>
> Ähnliche falsche Rückschlüsse könnte auch die Öffentlichkeit treffen, wenn Sie Kleins »Trial-and-Error«-Methode anwenden und dabei verkünden, dass Sie genau wissen, dass Ihr Weg der Beste ist.

> Meistens öffnet sich übrigens die Tür nach einem kurzen Tanz. Wenn nicht, werden die Bemühungen – der Tanz – verstärkt oder das Problem abermals umgedeutet: Tür defekt. Neue Lösungsoptionen wären dann schreien, klopfen oder zu einem anderen Supermarkt gehen.

Die intuitive Entscheidungsfindung ist umso erfolgreicher, je mehr Erfahrung der Entscheider besitzt. Und das ist ein großes Problem, denn Krisen sind sehr selten. Erfahrungen, eigene oder die anderer, sind die Schlüsselressourcen bei dieser Art der Entscheidungsfindung. Selbststudium oder der Besuch von entsprechenden Ausbildungsveranstaltungen sind deshalb ein Muss! Sammeln Sie möglichst viele Handlungsoptionen durch:

- Lesen von Krisen-Erfahrungsberichten,
- Durchdenken von Krisensituationen,
  - Was hat der Entscheider getan?
  - Was war das Ergebnis?
  - Welche Alternativen gab es?
  - Warum wurden sie nicht genutzt?
  - Welche Option hätte ich warum genutzt?
- Planspielübungen,
- Übungen (in der Regel Stabsübungen).

Lassen Sie sich Zeit bei Ihrem Studium (Sie stehen ja bei Ihrer Weiterbildung nicht unter dem selben Druck wie in einer realen Krise). Nutzen Sie den Prozess der rationalen Entscheidungsfindung. Seien Sie kritisch, hinterfragen Sie alles: alte Weisheiten, Standard-Handlungsoptionen, Empfehlungen von Experten etc. Mit der intellektuellen Beschäftigung von Krisen füllt sich Ihr entsprechender Erfahrungsschatz und Sie werden in der Krise mit größerer Wahrscheinlichkeit eine gute Lösung finden (Higgins/Freedman, 2013).

> **Beispiele für die mentale Vorbereitung auf kritische Entscheidungsprozesse**
> *Negativ-Beispiel:*
> Für Edward John Smith, dem sehr erfahrenden Kapitän der Titanic, war es undenkbar, dass sein Schiff sinken kann. Er vertraute den Schiffsbauexperten. Er hat sich mental nicht auf diese Krisensituation vorbereitet, was später in seinen Führungsfehlern sichtbar wurde.

## 8.4 Entscheiden ohne zu Planen – Improvisieren

> *Positiv-Beispiel:*
> Die Vorbereitung von Sportlern, z. B. Rodlern. Sie fahren vor einem wichtigen Rennen mental die gesamte Strecke hinunter und stellen sich vor, wie sie in bestimmten Situationen zu reagieren haben.

Tabelle 4: *Gegenüberstellung rationale und intuitive Entscheidungsfindung*

|  | Rationale Entscheidungsfindung | Intuitive Entscheidungsfindung |
|---|---|---|
| **Stärken** | logisch, folgerichtig<br>rational<br>erlernbar | einfach auszuführen<br>wenig Informationen erforderlich |
| **Schwächen** | benötigt Zeit<br>benötigt ausreichend Informationen<br>benötigt umfangreiche kognitive Energien | im Voraus nur schwer abschätzbar, ob die Lösung zum Ziel führen wird |
| **Wann sollten Sie die Technik nutzen?** | bedeutende Entscheidungen mit langfristigen Auswirkungen<br>in Gruppenentscheidungen<br>in Verhandlungen | in voraussehbaren Situationen mit der Möglichkeit zu lernen und Entscheidungen zu korrigieren<br>in extrem unsicheren Situationen, in denen die Informationslage nicht ausreichend scheint |

## 8.4 Entscheiden ohne zu Planen – Improvisieren

Viele Organisationen sind nicht in der Lage zu improvisieren. Dies ist aber besonders in Black Swan-Szenarien unabdingbar. Gerade die Führungskräfte der mittleren, der technisch-taktischen Ebene müssen in der Lage sein, zwischen Routine- und Krisensituationen nahtlos wechseln zu können. Im Vorfeld sollten Regeln festgelegt werden, die es erleichtern zwischen diesen beiden Situationen zu wechseln und alle Führungskräfte sollten entsprechend geschult werden. Wichtig beim Improvisieren ist, dass immer im »Sinne der übergeordneten Führung« agiert wird. Das Umschalten in den »Krisen-Improvisations-Modus« beschleunigt die Entscheidungsfindung, umgeht Bürokratie, erhöht die Flexibilität und ermöglicht die Nutzung von zusätzlichen Ressourcen – aber alles natürlich in den gesetzlichen Grenzen. Improvisationen können in jedem Stadium der Krisenreaktion den Unterschied zwischen Erfolg und Versagen bedeuteten.

> **Beispiel: Boston Bombings**
>
> Eine Untersuchung der Bewältigung der Terroranschläge auf den Boston Marathon 2013 durch die Harvard University zeigt, dass das medizinische Personal, das sich im Wesentlichen für die Läufer vor Ort befand sowie das Personal in den Krankenhäusern nahezu ohne Anordnungen von Vorgesetzten arbeitete. Das Personal agierte überwiegend selbstgesteuert: »jeder wusste spontan ihre/seine Tanzschritte«. Trainings und Übungen von MANV/E-Lagen (Massenanfall von Verletzten/Erkrankten) erzeugten Strukturen, mit denen das Erreichen von speziellen Zielen durch Improvisation ermöglicht wurde.

# 9 Stabslehre

## 9.1 Ihr Führungsunterstützungsgremium – der Stab

Stäbe sind keine Entscheidungsgremien oder etwa anordnungsbefugt: Sie unterstützen und beraten die politisch verantwortliche Führungskraft bei ihren Aufgaben. Sie bereiten Entscheidungen für die politisch verantwortliche Führungskraft vor, setzen diese in Befehle und Anordnungen um und überwachen deren Ausführung. Sie handeln »im Auftrag« der politisch verantwortlichen Führungskraft.

**Der Verwaltungsstab nach Franke:**
- Eine politisch verantwortliche Führungskraft wird hier für den Vorsitz vorgesehen. Allein dies verdeutlicht, dass es sich um ein an der Spitze der Hierarchie angesiedeltes Entscheidungsgremium handelt.
- Demzufolge wird dort keineswegs die operative Sicht im Vordergrund stehen. Daran ändert auch die grundsätzlich vorhandene Kompetenz nichts, die es der politisch verantwortlichen Führungskraft natürlich gestattet, Einzelentscheidungen bis in die vorderste Reihe der Einsatzkräfte zu diktieren.
- Zur Gefahrenabwehr müssen sowohl Einsatzmaßnahmen als auch Verwaltungsmaßnahmen veranlasst, koordiniert und schließlich verantwortet werden.
- Der Stab ist keine Leitung (vgl. Franke, 2006).

Ihre Stäbe sollen Sie als politisch verantwortliche Führungskraft in Ihrem Krisenmanagement unterstützen, Ihnen aber nicht das Krisenmanagement abnehmen (vgl. das Verhalten des Landrates von Ahrweiler während der Flutkatastrophe). Um eine effektive und effiziente Stabsarbeit sicherzustellen, sollten die Stäbe personell klein, aber hochwertig besetzt werden (FwDV/DV 100, Punkt 3.2.2.2). Dabei ist gesunder Menschenverstand, Agilität und Flexibilität bei den Stabsmitgliedern wichtiger als detaillierte Fachkenntnisse. Häufig werden aber gewisse Kompetenzen nicht oder nur beiläufig in den kommunalen Krisenstäben bereitgestellt.

**Feuerwehr-, Verwaltungs-, Ordnungsrecht**
Während der Krisenbewältigung müssen häufig Grundrechte von Betroffenen und Nichtbetroffenen eingeschränkt werden. Die gesetzlichen Grundlagen und die Verhältnismäßigkeit sind dabei stets zu beachten. Auch ist zu überlegen, ob die Polizei in Amtshilfe beauftragt werden soll, körperliche Zwangsmittel anzuwenden, um eine Anordnung umzusetzen.

# 9 Stabslehre

**Vergabe- und Vertragsrecht**
Eine Krise hebelt nicht automatisch das Vergabe- und das Vertragsrecht aus. Ist Eile geboten, kann immer von diesen Rechtsvorgaben abgewichen werden. Aber nicht jede Beschaffung unterliegt solch einer Eilbedürftigkeit (vgl. die Beschaffung von Masken während der Covid-19-Pandemie). Und in Krisen können Beschaffungen schnell unter das europäische Vergaberecht fallen. Auch müssen Verfügungsrecht und Unterschriftsregelungen des allgemeinen Verwaltungshandelns beachtet werden.

**Versicherungsrecht, Schadenersatzfragen**
Während der unmittelbaren Bewältigung der Krise sind Einsatzkräfte und Spontanhelfende (als Verwaltungshelfer) rechtlich sehr gut abgesichert. Nur bei Vorsatz und grober Fahrlässigkeit kann es hier zu Regressforderungen an die Helfenden kommen. In der Aufräumphase, nach dem offiziellen Beenden der Krisenbewältigung, kann dies aber schon anders aussehen. Einer detaillierten Dokumentation aller Beteiligten an der Krisenbewältigung kann hier später entscheidende Bedeutung zukommen.

**Finanzen**
Bei der Bewältigung von Krisen kann es schnell dazu kommen, dass große finanzielle Belastungen auf die Kommunen zukommen. Und es ist nicht garantiert, dass diese Belastungen immer von den Ländern bzw. dem Bund übernommen werden. Mit der Novellierung des THW-Gesetzes 2020 sind Unterstützungsleistungen des THW i. d. R. für Kommunen kostenfrei. Entsprechend den Gepflogenheiten einer Verwaltung sollte auch in einem Krisenstab das Mehraugen-Prinzip vor allem bei den Finanzen gelten.

**Sicherheit, Gesundheitsvorsorge, Hygiene**
Aus Fürsorgepflicht gegenüber allen Helfenden sollten die Stäbe Verhaltensregeln und ggf. Schutzausrüstungen zur Verfügung stellen. Hierbei ist immer auch die körperliche Belastung durch Schutzmaßnahmen zu beachten. Nicht jede Gefährdung für Einsatzkräfte kann eliminiert werden (vgl. die Kontamination des Wassers der Ahr nach der Flutkatastrophe). Die Risiken, die aus einer Tätigkeit in einem Gefährdungsgebiet folgen, sind immer mit dem zu erreichenden Ziel abzuwägen. Und manchmal müssen auch die hoch motivierten Einsatzkräfte gebremst werden.

### Analyse der Bevölkerungsreaktionen

Aufgrund der Omnipräsenz von Smartphones werden alle behördlichen Tätigkeiten und Untätigkeiten sofort von einer breiten Öffentlichkeit wahrgenommen. So muss unter Umständen eine erfolgversprechende Handlungsoption verworfen werden, weil sie nicht vermittelbar ist. Dies gilt besonders dann, wenn die negativen Folgen von Gegenreaktionen entscheidender sind als die positiven Ergebnisse der Handlungsoption. Nicht jede Anweisung kann schließlich mittels Zwangsmaßnahmen umgesetzt werden (vgl. z. B. die Anordnungen, die zu Beginn der Covid-19-Pandemie erlassen wurden und deren Umsetzung bzw. Nichtumsetzung). Krisenkommunikation wird besonders hier ein integrierter Teil der Krisenbewältigung.

> **Merke:**
> Damit Ihre Stäbe effektiv und effizient arbeiten können, sollten Sie Folgendes beachten:
> - Erläutern Sie Ihren Stäben deutlich, klar und unmissverständlich, was Sie von ihnen verlangen: welche Leistungen Sie erwarten, was bis wann erledigt sein muss.
> - Richten Sie das Denken und Handeln aller Stabsmitglieder auf Ihre Ziele aus.
> - Alle Stabsmitglieder müssen jederzeit wissen:
>   - Was wurde beschlossen?
>   - Was wurde zwar diskutiert, aber es liegt noch kein Entschluss vor?

## 9.2 Homogene versus heterogene Stäbe

Operativ-taktische Stäbe des Bevölkerungsschutzes sind in der Regel sehr homogen (nur aus Einsatzkräften) zusammengesetzt. Administrativ-organisatorische Stäbe sind dagegen eher heterogen (Mitarbeiter aus Verwaltungsbereichen einschließlich operativ-ausgerichteter Ämter wie die Feuerwehr oder das Gesundheitsamt) und Gesamtstäbe sind am heterogensten (Experten der Verwaltung und Einsatzkräfte) zusammengesetzt. Wolley et al. (o. A.) konnten zeigen, dass die »optimale« Zusammensetzung von Problemlösungsgruppen abhängig von den zu bewältigenden Aufgaben ist. Je nach Phase der Krise (▶ Kapitel 5) sollte mit den besten Ergebnissen zu rechnen sein, wenn

- in der Chaosphase homogene Stäbe,
- in komplexen Situationen heterogene Stäbe,
- in komplizierten Situationen Einzelexperten und

# 9 Stabslehre

- in einfachen Situationen homogene Stäbe die politisch gesamtverantwortliche Führungskraft unterstützen.

Zu Beginn eines Einsatzes – in der Chaosphase – sollten Sie als politisch verantwortliche Führungskraft mit den Einsatzstäben/Führungsgruppen der Feuerwehren und Katastrophenschutzorganisationen versuchen, den Einsatz in den Griff zu bekommen. Zu dieser Zeit wird sehr oft Ihr Verwaltungsstab auch noch nicht zur Verfügung stehen. Alle vorgeplanten Maßnahmen sind vom homogenen Stab abzuarbeiten. Für komplizierte Fragestellungen sind die entsprechenden Experten/Fachberater hinzuzuziehen. Für komplexe Problemstellungen sollten Sie heterogene Gremien beauftragen. Dies kann z. B. mittels eines Gesamtstabes oder einer gemeinsamen Sitzung vom administrativ-organisatorischen und operativ-taktischen Stab erfolgen. Die Ausführung des Planes und das Controlling sollten dann wieder von homogenen Entitäten erfolgen (entweder in getrennten Stäben oder aber in homogenen Arbeitsgruppen des Gesamtstabes).

Die Heterogenität Ihrer Beratungsgremien können Sie erhöhen, wenn Sie auf Experten von außerhalb des Bevölkerungsschutzes (z. B. Universitäten, Forschungseinrichtungen, Privatwirtschaft) und der Crowd durch die Einbindung eines VOST zurückgreifen. Bei der Bekämpfung der Krise sollten Sie agil auf die Schadenlage reagieren und ggf. Ihr Führungssystem situativ der Lage anpassen. Dazu bedarf es flexibler, gut ausgebildeter Führungskräfte und Experten in Ihren Stäben.

## 9.3 Gesamtverantwortlicher versus Leiter des Stabes

Ihnen als politisch verantwortliche Führungskraft stehen je nach Erlasslage in den jeweiligen Bundesländern zur Bewältigung der Krise ein oder zwei Stäbe zur Verfügung: ein Gesamtstab bzw. ein operativ-taktischer und ein administrativ-organisatorischer Stab (FwDV/DV 100). Egal welche Führungsorganisation Sie nutzen, wichtig ist, dass Sie sich Ihrer Rolle bewusst sind: Sie leiten weder einen der Stäbe noch sind Sie in dem Erarbeiten von Lösungen involviert (was Ihnen leicht bei dem hohen Stress und öffentlichen Druck passieren kann). Ihre Aufgabe ist es, die Ziele und die Krisenstrategie (▶ Kapitel 2.4) vorzugeben. Die verschiedenen Optionen, diese Ziele zu erreichen, werden im Groben von Ihren Stäben erarbeitet. Sie entscheiden dann, welche dieser Optionen umgesetzt werden sollen. Und Ihre Stäbe erarbeiten anschließend die Feinplanungen und ordnen deren Umsetzung in Ihrem Namen an. Sie behalten allerdings die Gesamtverantwortung. Ihre Aufgabe ist es, Zuversicht auszustrahlen, Ängste zu reduzieren und Ihre Mitarbeiter zu motivieren.

Daneben haben Sie die Qualität der Stabsarbeit ständig im Auge zu behalten und darauf zu achten, dass Ihre Stäbe in Richtung des übergeordneten Ziels agieren und nicht aufgrund des externen Drucks und der Vielzahl an notwendigen Aufgaben vom Weg abkommen.

Als politisch verantwortliche Führungskraft müssen Sie ein Netzwerk aus Netzwerken führen (▶ Kapitel 4) und haben deshalb nicht die Zeit, die Arbeit Ihres eigenen Stabes zu leiten. Zusätzlich müssen Sie das »Gesicht der Krisenbewältigung« und deshalb häufig öffentlich präsent sein. Wichtig ist auch festzulegen, wer für das »Tagesgeschäft« zuständig ist. Delegieren Sie es auf den Krisenstab oder belassen Sie es bei Ihrer (geschwächten) Alltagsverwaltung.

## 9.4 Leiten eines Krisenstabes

Krisenstäbe werden in der Regel von Führungskräften der höchsten Ebene (z. B. Dezernenten, Amtsleiter) geleitet. Vier Aufgaben sind zu erfüllen:
1. Abwesenheitsvertretung der politisch verantwortlichen Führungskraft (bei einer Zweistab-Führungsorganisation wird dies in der Regel der Leiter des administrativ-organisatorischen Stabes sein),
2. Repräsentation des Stabes nach außen (z. B. Gegenüber dem Führungsstab der Polizei, der Mittelbehörden des Landes),
3. Sicherstellung der wirkungsvollen Stabsarbeit,
4. Kontrolle der Arbeitsergebnisse des Stabes.

Im Folgenden sollen die letzten beiden Punkte näher betrachtet werden.

**Punkt 3: Sicherstellung der wirkungsvollen Stabsarbeit**
Häufig verlieren Menschen, die unter hohem Stress stehen, ihre Ziele aus den Augen. Das liegt u. a. daran, dass wir Menschen versuchen, unsere Kompetenz unter allen Umständen gegenüber uns selbst und Dritten zu dokumentieren. Bekommen wir Bedenken, dass wir ein Ziel nicht erreichen, definieren wir es einfach zu einem Ziel um, das wir im Alltagsleben regelmäßig erreichen. Für Einsatzkräfte in Stäben sind dies Aufgaben der Führungskräfte vor Ort. Deshalb müssen Sie darauf achten, dass Ihre Stabsmitglieder immer auf die eigentlichen Ziele fokussiert bleiben.

**Merke:**
Der Stabsleiter ist dafür verantwortlich, dass Entscheidungen entsprechend den modernen Erkenntnissen der Entscheidungsfindung getroffen werden.

Des Weiteren müssen Sie darauf achten, dass jedes Stabsmitglied effektiv arbeiten kann. Dabei sollten Sie u. a. folgende Fragen regelmäßig für sich selbst beantworten:

- Haben Sie Ihre Stabsmitglieder ausreichend auf die bevorstehenden Aufgaben vorbereitet? Haben Sie den Ernst der Lage angemessen verdeutlicht? Haben Sie auch Ihre eigene Zuversicht kommuniziert? Und haben Sie Ihr Team ausreichend motiviert: »Wir sind ein gut ausgebildetes Team! Wir werden die uns gestellten Aufgaben meistern! Ein Scheitern ist inakzeptabel!«
- Ist die Geräuschkulisse im Stabsraum zu groß?
  Außerhalb der Lagebesprechungen sollte im Stabsraum weitestgehend Ruhe herrschen. Telefonate sollten außerhalb des Stabsraumes in einem ruhigen Raum durchgeführt werden. Dies gilt besonders für umfangreiche Lageberichte, damit die Gefahr von Missverständnissen minimiert wird.
- Ist die Visualisierung der Lage angemessen? Werden alle notwendigen Informationen so dargestellt, dass sie jeder versteht? Werden keine unnötigen Informationen dargestellt, die von einer effektiven Arbeit ablenken können (Live-Bilder, Nachrichtenticker, …)? Müssen neue Kommunikations- und Visualisierungsregeln eingeführt werden?
- Sollten Teilaufgaben besser von Arbeitsgruppen außerhalb des Stabsraumes bearbeitet werden?
- Ist der Arbeitsrhythmus mit der Arbeit vor Ort synchronisiert?
  Die Arbeitspausen vor Ort (zum Beispiel die Nachtstunden) sind die Zeit für das Controlling der bisherigen Abwehrmaßnahmen und der daran anschließenden Planung für die nächste Arbeitsphase.

Folgende Regelungen sollten bei Lagebesprechungen grundsätzlich eingehalten werden:

- Wenn Sie einen Auftrag erteilen, sollte immer ein klarer Adressat erkennbar sein. Der Auftrag muss klar formuliert sein und der Adressat direkt angesehen und angesprochen werden.
- Alle sollten deutlich, langsam und laut genug sprechen, damit jeder im Stab alles versteht.

## 9.4 Leiten eines Krisenstabes

- Alle sollten Standardvokabular nutzen und Abkürzungen und Kurzformen vermeiden.
- Nur wer wirklich etwas Neues bzw. Relevantes zu sagen hat, sollte sprechen. Dabei sollte er seine Sprechzeiten sowie Satzlängen begrenzen und Schachtelsätze vermeiden.
- Zwischen den Sätzen sollte eine Pause gesetzt werden.
- Die Quelle sowie die Abfassungszeit von Nachrichten muss angegeben werden.
- Zum Ende der Lagebesprechung sollten Sie ausdrücklich nochmals darauf hinweisen, was Sie bis zur nächsten Lagebesprechung erwarten – setzen Sie Meilensteine.

Durch eine entsprechende Personalplanung im Stab können Sie auch erreichen, dass sich Ihre Spezialisten für die mittelfristige Planung nur um Controlling und Planung kümmern müssen, während diejenigen, die die Planungen in Einsatzbefehle umsetzen und die Einsatzkräfte vor Ort in deren Bemühungen unterstützen, in der Arbeitsphase der Einsatzkräfte tätig werden.

Mit dem letzten Punkt haben wir den Bereich der personellen Koordination der Stabsarbeit erreicht. Für diese Aufgaben benötigen Sie Empathie. Häufig ist es schwierig, ein Stabsmitglied auszutauschen, dass physisch oder psychisch ausgelaugt ist, da er/sie es oft selbst nicht wahrhaben will. Aber noch schwieriger ist die Aufgabe, wenn Stabsmitglieder aus persönlicher Betroffenheit, Resignation oder etwaigen Unfehlbarkeitsfantasien die Stabsarbeit und deren Ergebnisse gefährden. Auch die Umverteilung von Aufgaben im Stab kann schnell zu Friktionen im Stab führen.

**Punkt 4: Kontrolle der Arbeitsergebnisse des Stabes**

Aus der Wissenschaft wissen wir, dass wir Menschen Wahrnehmungsverzerrungen nur schwer entgehen und diese dann auch nicht selbst erkennen (Kahneman et al., 2011). Diese Verzerrungen führen häufig zu Fehlentscheidungen. Sie als Leiter des Stabes müssen diese Gefahr mindern. Dies wird Ihnen nur gelingen, wenn Sie sich nicht am Planungsprozess beteiligen. Sie müssen quasi die Funktion einer »Controlling-Instanz« übernehmen. Folgende Fragen sollten Sie für sich beantworten:

- **Gibt es Eigeninteressen der Stabsangehörigen?**
  Diese Frage ist heikel und darf auf keinen Fall offen im Stab diskutiert werden, denn sonst würden Sie die Integrität Ihrer Stabsmitglieder infrage stellen. Jeder von uns unterliegt auch schon mal der Selbsttäuschung. Dies kann dazu führen, dass ein Stabsmitglied die Fähigkeiten seiner Ursprungsorganisation (z. B. kommunales Amt, Hilfsorganisation) über-

steigert darstellt, damit diese in einem öffentlichkeitswirksamen Bereich eingesetzt wird.
- **Haben sich die Stabsmitglieder in eine Option verliebt?**
Wir bewerten Optionen positiver, wenn wir die betroffenen Personen mögen, als die, die einen Vorteil für Personen bringen würden, die wir nicht mögen. Dieses Verhalten ist umso ausgeprägter, je stärker wir emotional betroffen sind. Dadurch wird oftmals zunächst einer »beliebteren« Gruppe geholfen, bevor man sich der »unbeliebteren« Gruppe widmet, obwohl diese vermutlich stärker gefährdet ist (z. B. Obdachlose, vgl. das Forschungsprojekt PanReflex).
- **Gab es abweichende Meinungen im Stab?**
Gerade Angehörige homogener Gruppen versuchen häufig interne Konflikte zu verhindern. Dies kann dazu führen, dass ein Stabsmitglied eine abweichende Meinung nur deshalb nicht äußert, um zur Mehrheit zu gehören.
- **Benutzen die Stabsmitglieder die falschen Analogien?**
Wir Menschen vergleichen Situationen mit unseren Erfahrungen. Wir kopieren immer unsere Erfahrungen in die jetzige Problemstellung. Kopieren wir eine nicht passende Erfahrung, wird die Lösungsoption entsprechend fehlerhaft ausfallen. So führte das Kopieren unserer Erfahrungen aus der SARS-Epidemie in China der Jahre 2002 bis 2004 zur falschen Lagebeurteilung in der ersten Zeit der Covid-19-Pandemie 2019/2020.
- **Wurden realistische Alternativen erwogen?**
Unter Zeitdruck neigen wir dazu, gleich die erste Handlungsoption als die einzig realistische anzunehmen. Deshalb wird nur ein »alternativloser« Plan entwickelt. Dies hat nichts mit Faulheit zu tun, sondern scheint eine Folge genetisch kodierter Erfahrungen unserer Vorfahren zu sein.
- **Wissen Sie, woher die Lageinformationen stammen?**
Jede Information ist vorab von der KGS bzw. vom S2 auf ihre Glaubwürdigkeit zu prüfen. Sinnvoll ist eine Einteilung z. B. in: sicher wahr, wahrscheinlich wahr, wahrscheinlich unwahr, sicher unwahr, geschätzt. Unbewusst rutschen sonst Informationen aus dem »Hypothesen-Speicher« in den »Realitätsspeicher« unseres Gehirns.
- **Besitzen Sie alle unbedingt notwendigen Informationen zur Entscheidungsfindung?**
Die Meldungen, die Sie in Ihrem Stab erhalten, sind immer ein Abbild einer räumlich begrenzten Situation zu einer ganz bestimmten Zeit. Sie haben quasi nur einige wenige Steine eines Puzzlespiels zur Verfügung, um sich

vorzustellen, wie das Gesamtbild aussieht. Unser Gehirn schließt die Lücken, indem es die Informationen in der Regel linear fortführt. Was z. B. bei einer Pandemie mit einem exponentiellen Verlauf zu Fehleinschätzungen führt. Wir Menschen denken immer in kontinuierlichen Geschichten. Umso größer die Lücken sind, desto mehr bilden wir uns wortwörtlich ein.

- **Gibt es ein Halo-Effekt?**
Besondere, uns emotional berührende Informationen können andere überstrahlen, unabhängig von der tatsächlichen Relevanz. Die Strahlkraft von Informationen hängt von unseren Vorurteilen und somit von unserer Sozialisierung ab. So sterben laut UNICEF jährlich 2,9 Millionen Kinder an Unterernährung, während nach Angaben der WHO beim bisher größten Ebola-Ausbruch 2014 bis 2016 knapp 11 500 Menschen starben.

- **Orientieren wir uns zu stark an früher?**
Da wir den Anschein unserer Kompetenz erhalten wollen, neigen wir dazu, Entscheidungen so zu treffen, dass diese die Richtigkeit unserer früheren Entscheidungen bestätigen, selbst wenn wir erkennen können, dass diese falsch waren.

- **Ist das Basis-Szenario zu optimistisch?**
Gerade homogene und erfolgsverwöhnte Gruppen neigen dazu, eher ein zu positives Szenario und damit Prognosen zu entwickeln. Ein Advocatus Diaboli, der das Worst-Case-Szenario in der Diskussion vertritt, sollte in jedem Stab vorhanden sein.

- **Ist der Stab zu vorsichtig?**
Wenn Sie Ihren Mitarbeitern in den Stäben keine eindeutige Krisenstrategie vermitteln, z. B. Vorgaben über noch zu tolerierende Verluste, kann es vorkommen, dass diese besonders vorsichtig bzw. gar nicht agieren, um später nicht in die Verantwortung genommen zu werden.

Die hier angeführten Fehler passieren in der Regel unbewusst. Niemand ist vor Ihnen gefeit. Beteiligt sich der Stabsleiter an der Planung, ist er nicht in der Lage, diese Wahrnehmungsverzerrungen aufzudecken.

**Merke:**
Hauptaufgaben eines Stabsleiters sind:
- Kontrolle der Zielfokussierung,
- organisatorische Koordination,
- personelle Koordination.

# 9 Stabslehre

## 9.5 Gruppendynamische Prozesse in Stäben

In Stäben gibt es neben den formalen Entscheidungsfindungsstrukturen auch informelle bewusst oder unbewusst eingeführte kollektive Strukturen. Diese informellen Strukturen können sich im Laufe der Krise dramatisch verändern. Viele Führungskräfte bilden kleine »Küchenkabinette« aus Vertrauten, um die essenziellen Entscheidungen zu treffen. Die Einführung einer solchen Parallelstruktur induziert häufig den Widerstand der formal verantwortlichen Personen. Im besten Fall setzen sie die Anordnungen unmotiviert um, im schlechtesten Fall arbeiten sie dagegen. Informelle Strukturen treten immer dann auf, wenn »alte Autoritäten« in den Stäben mehr Vertrauen genießen als die eigentlich Verantwortlichen. Binden Sie sich als politisch verantwortliche Führungskraft zu stark in die Prozesse des Stabes ein, werden Sie evtl. Teil dieses »Spieles«. Sie sollten sich auf Ihre originären Aufgaben (entweder Einsatzleiter oder aber Stabsleiter) beschränken.

Stäbe sind bei fast jeder Krisenbewältigung unerlässlich. Aber sie unterliegen in kritischen Situationen, bei hohem Stress auch pathologischen Schwächen trotz ihrer größeren intellektuellen und kognitiven Kapazitäten.

**Inadäquate Informationsteilung**
Individuen in Gruppen teilen und nutzen häufig ihre Informationen nicht adäquat, wenn sie eine Führungskraft beraten oder eine Entscheidung kollektiv vorbereiten sollen. Sowohl das Bestreben nach Konformität wie auch nach Konflikt behindern den Informationsfluss in Stäben. Zuviel Konfliktstreben paralysiert eine gemeinsame Meinungsbildung und zu viel Konformitätsbestreben mindert die Wahrscheinlichkeit, dass konträre Meinungen in Betracht gezogen werden.

Die meisten Menschen, die in irgendeiner Art und Weise von der politisch verantwortlichen Führungskraft abhängig sind, neigen dazu, sich so zu äußern, wie sie glauben, dass die Führungskraft es hören möchte. Oder sie unterlassen Äußerungen, von denen sie glauben, die Führungskraft möchte es nicht hören. In Stäben kommen häufig Menschen zusammen, die sich und die Regeln der Stabsarbeit, ihre Rollen und Verantwortlichkeiten nicht oder nur rudimentär kennen. Der Stabsleiter hat von Anfang an dafür zu sorgen, dass jeder seiner Rolle gewahr ist und dass jeder seine Fähigkeiten gewinnbringend in die Stabsarbeit einbringen kann.

**Gruppendruck und Zerstörung der Gruppenbindung**
In Gruppen ist es schwierig, eine Minderheitsmeinung zu vertreten. Es ist nicht leicht, eine Außenseiterrolle einzunehmen. Der Stabsleiter muss dafür sorgen, dass sich

jeder traut, seine Sicht der Dinge zu artikulieren. Der allgemeine Stresspegel in der Gruppe muss gesenkt und eine vertrauensvolle, quasi-intime Atmosphäre geschaffen werden.

Durch eine Krise können bereits bestehende zwischenmenschliche, ideologische, oder bürokratische Konflikte zwischen einzelnen Gruppenmitgliedern dermaßen verstärkt werden, dass die gesamte Gruppe als solche gesprengt wird. Mittels formaler Prozeduren und funktionalen Anforderungen kann der Leiter des Stabes in der Regel diese Konflikte im Zaum halten. Sollte dies einmal nicht gelingen, ist ein Austausch einzelner Stabsmitglieder die letzte Option.

**Illusion der Unverwundbarkeit und Selbstbeweihräucherung**
Wird der Druck der Krise auf den Stab geringer, kann es vorkommen, dass sich nicht angebrachter Optimismus und Vertrauen in die eigenen Fähigkeiten ausbreitet. Es gibt Stabsmitglieder, deren Hauptziel es dann ist, die eigene Kompetenz bzw. die ihrer Organisation darzustellen. Wird ihren Empfehlungen nicht gefolgt, ziehen sie sich häufig zurück, nur um nach der Krise vehementer mit Ihrer Kritik in die Öffentlichkeit zu treten.

**Aufmerksamkeitsabwendung**
Stabsmitglieder, die erschöpft, durch Medikamente oder Alkohol beeinflusst sind, sich langweilen oder beruflich bzw. privat stark eingebunden sind, verlieren schnell das Interesse an der Krise und konzentrieren einen Großteil ihrer Hirnkapazitäten auf andere Dinge.

**Tipp:**
Organisieren Sie für die Stabsmitglieder einen Pausenraum, in dem sie wirklich ungestört einige Minuten regenerieren können.

**Selektion und Subjektivität der Wahrnehmung**
Da unsere Gehirnleistung begrenzt ist, müssen wir die Informationen, die auf uns einströmen, selektieren, mit der Folge, dass wir nicht alles wahrnehmen. Dies geschieht ständig und vollkommen unbewusst. Diese Selektion wird von unseren Erfahrungen beeinflusst. Und so ist es die Regel, dass unterschiedliche Personen unterschiedlichen Selektionen unterliegen.

Jede Wahrnehmung ist subjektiv. Der Mensch ist nicht in der Lage die Realität objektiv wahrzunehmen. Die Informationen, die wir selektiert aufnehmen, bauen wir in eine für uns schlüssige Geschichte ein. Diese Geschichte ist aber von unseren

Erfahrungen abhängig, sodass jeder von uns immer eine eigene Geschichte konstruiert.

**Bestätigungsfehler (confirmation bias) und Ankerheuristik**
Menschen suchen eher nach Informationen, die ihre Erwartungen bestätigen als nach solchen, die ihnen widersprechen. Diese Neigung kommt auch bei der Interpretation von oder dem Erinnern an Informationen vor. Bestimmte Informationen (oft die ersten, es können auch vollkommen irrelevante sein) beeinflussen unsere Entscheidungsfindung. Durch diese Informationen wird in unseren Überlegungen ein »Anker« gesetzt, um den sich unsere weiteren Überlegungen drehen.

**Halo-Effekt, Kontrast-Effekt, Positionseffekt**
Ist eine Information so »strahlend«, dass sie andere – unter Umständen wichtigere – überstrahlt, spricht man vom Halo-Effekt. Wir nehmen diese überstrahlten Informationen nicht mehr wahr. Wir bewerten Informationen besser bzw. schlechter, wenn wir sie mit einer anderen Information vergleichen (Kontrast-Effekt). So bewerten wir einen Mittelklassewagen besser, wenn wir unmittelbar davor Kleinwagen bewertet haben. Dagegen schlechter, wenn wir vorher Luxuslimousinen betrachtet haben. Nehmen wir eine Reihe von Informationen nacheinander auf, so erinnern wir uns an die erste und die letzte Information am ehesten (Positionseffekt).

**Eigengruppen-Verzerrung und Homogenitätsproblem**
Äußerungen von Menschen, mit denen wir zu einer bestimmten Gruppe gehören, beurteilen wir positiver als die anderer Personen (Eigengruppen-Verzerrung). Gerade in sehr homogenen Gruppen, in denen die Angehörigen noch Uniformen tragen oder in sehr elitären Gruppen tritt dieser Effekt verstärkt auf.

Viele Führungskräfte umgeben sich – besonders in Krisen – mit Menschen, denen sie vertrauen und die sie mögen. Sie wollen ein angenehmes Gefühl haben. Sind diese Menschen aber die Hauptinformationsquellen und -ratgeber, befinden sich die Führungskräfte in einer »Glocke«, die die Wahrnehmung der Realität extrem einschränken kann (Homogenitätsproblem). Häufig liefern »nicht-gewünschte« oder »vergessene« Akteure einen wichtigen neuen Blickwinkel auf die Krise und bringen innovative Ideen in die Planung ein. Dieses Problem wird für die politisch verantwortliche Führungskraft besonders kritisch, wenn diese »Vergessenen« aus Frust direkt mit der Presse sprechen.

**Konservierungsproblem und Fokussierung auf kurzfristige Erfolge**
Unter Stress bevorzugen wir Lösungen, die den Status-Quo erhalten gegenüber revolutionären Veränderungen (Konservierungsproblem). Besonders in Krisen wünschen wir uns kurzfristige Erfolge. So favorisieren wir eine Option, die einen kurzfristigen Erfolg sicherstellt gegenüber einer, die ein besseres langfristiges Ergebnis liefert.

**Ursache-Wirkung-Falschinterpretation und Überbewertung der eigenen Erfahrungen**
Wir neigen dazu, die Wirkung unserer Entscheidungen zu über- (bei positiver Entwicklung) bzw. zu unterschätzen (bei negativer Entwicklung). Dass sich eine Krisensituation unabhängig von oder gar trotz unserer Maßnahmen verbessert, blenden wir häufig aus. Dagegen nehmen wir eine negative Entwicklung häufig extrem wahr, vor allem, wenn sie sich durch äußere Einflüsse oder Entscheidungen ergeben hat. Diese Fehlwahrnehmung kann im weiteren Verlauf der Krise zu Fehlentscheidungen führen. Wir glauben, dass unsere eigenen Erfahrungen eher eine Empfehlung für die Lösung der jetzigen Krise sind als die der anderen, auch wenn deren Erfahrungen unter Umständen besser zu der jetzigen Krise passen.

**Tipp:**
»Feiern« Sie das erfolgreiche Abschließen von Teilaufgaben: Nehmen Sie sich die Zeit zur Selbstreflexion und um stolz auf das Erreichte zu sein.

## 9.6 Entscheidungen im Stab

Als politisch verantwortliche Führungskraft haben Sie die wesentlichen Entscheidungen zu treffen. Aufgaben müssen Sie zwar delegieren, aber die Verantwortung können Sie niemals delegieren. Sie haben die Verantwortung und Sie haben die großen Ziele vorzugeben (▶ Kapitel 3.4). Sie und Ihr Stabsleiter haben kritisch die Vorschläge Ihres Stabes bei einer Lagebesprechung zur Entscheidung zu hinterfragen, bevor Sie eine Entscheidung treffen (▶ Kapitel 6).

Sie sollten die Funktion des Leiters des Stabes nicht selbst wahrnehmen. Somit gewinnen Sie die Möglichkeit erst zur Lagebesprechung, zur Entscheidung den Stabsraum zu betreten. Dies hat zwei große Vorteile, auf die Sie nicht verzichten sollten:

- Sie befinden sich während der Chaosphase der Stabsarbeit nicht im Stab und können von ihr nicht angesteckt werden.
- Sie beteiligen sich nicht an der Suche nach Handlungsoptionen und werden so nicht von den dabei entstehenden Vorurteilen beeinflusst (▶ Kapitel 7).

Während des Lagevortrages sollten Sie Ihren Stäben folgende Fragen stellen, um die Vorurteile des Stabes auszugleichen:
- Während der Darstellung der Krisensituation:
    - Was wissen sie? Was sind Fakten?
    - Was vermuten sie? Was sind begründete Annahmen?
    - Welche Gerüchte sind eher war?
    - Welche Gerüchte sind eher unwahr?
    - Welche Fake News, alternative Fakten etc. hält die Öffentlichkeit evtl. für wahr und wird entsprechend darauf regieren? Welche Fake News müssen Sie deshalb berücksichtigen?
- Während der Erläuterung der Handlungsoptionen:
    - Welche Handlungsoptionen haben sie diskutiert? Es sollten immer mehr als eine sein, ansonsten haben Sie keine Entscheidungsmöglichkeit.
    - Für welche haben sie sich entschieden? Entspricht diese Option der von Ihnen vorgegebenen Krisenstrategie?
    - Welche Risiken bestehen bei der Durchführung dieser Option?
    - Welche Risiken bestehen bei der Durchführung der anderen Optionen?
    - Warum haben sie sich letztendlich für diese Option entschieden?
- Während der Darstellung bisher unternommener Maßnahmen:
    - Welches Ziel sollte damit erreicht werden?
    - Wie ist der Fortschritt?
    - Welchen Einfluss haben diese Maßnahmen unmittelbar und mittelbar auf Betroffene, Angehörige, Freunde, Nachbarn, allgemeine Öffentlichkeit, auf die eigenen Einsatzkräfte und deren Angehörige und Freunde?

## 9.6 Entscheidungen im Stab

**Achtung: Antworten, bei denen Ihre Alarmglocken schrillen sollten:**
- Alle Informationen sind erkundet und bestätigt!
- Es bestehen keine/kaum Risiken!
- Es gibt keine vernünftige Alternative!
- Alle Alternativen sind völlig unrealistisch oder verglichen zur gewählten eindeutig viel schlechter!
- Wir haben uns für diese Alternative entschieden, weil
  - es doch offensichtlich die richtige ist! Jeder vernünftige Mensch erkennt dies sofort!
  - wir es schon immer so gemacht haben!
  - es einer Dienstvorschrift, Standoperation, Norm etc. entspricht!
  - es an einer Schule so unterrichtet wird!
  - es Experten so vorgeben!
  - es der Nachbarkreis auch so macht!

Die Planung der Optionen und somit die Entscheidungsfindung beginnt jeweils mit Ihrem (als politisch verantwortliche Führungskraft) Auftrag (▶ Bild 29). Wenn Sie Ihrem Unterstützungsgremium keinen klaren Auftrag erteilen, kann dies schnell zu nicht beabsichtigten negativen Folgen führen.

Der Leiter des Stabes sollte seine Stabsmitglieder auf die bevorstehende Arbeit einstimmen. Damit sind folgende Ziele verbunden (analog der Ansprache eines Trainers vor einem bedeutenden Fußballspiel):

- mentale Einstimmung der Stabsangehörigen auf die bevorstehenden Aufgaben,
- kurze Beschreibung der derzeitigen Krisensituation,
- vor allem Herausstellen der anstehenden Herausforderungen,
- deutliches Artikulieren der Erwartung der politisch verantwortlichen Führungskraft sowie des Stabsleiters.

Es muss deutlich zum Ausdruck kommen, dass die Krise gemeistert wird. Die Stabsangehörigen bekommen ein erstes Bild von der Lage mit einem positiven Ausblick und werden nicht durch den Lagevortrag bei der Übernahme des Einsatzes geschockt. Angstreduktion ist ein wichtiges Ziel der Einstimmung.

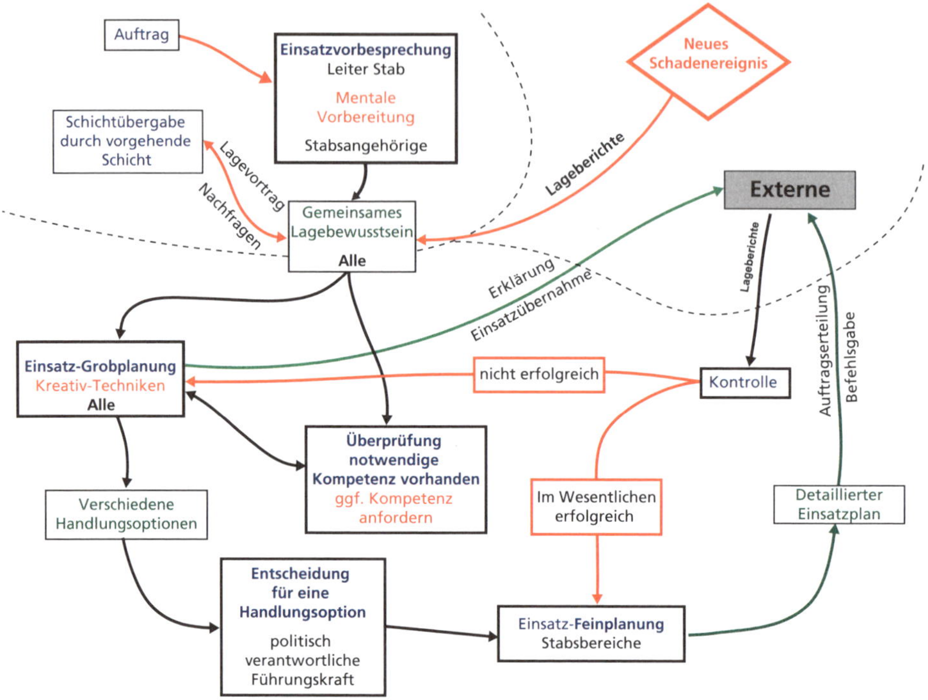

# 9 Stabslehre

**Bild 29:** *Entscheidungsfindung in Stäben des Bevölkerungsschutzes*

**Merke:**

Kommunikationsregeln während der Grobplanung:
- Halten Sie Ihre Aussage kurz und klar.
- Wiederholen Sie wichtige Informationen, die Ihnen mitgeteilt wurden.
- Achten Sie auf Stabsmitglieder, die sich zurückziehen.
- Reflektieren Sie Ihren Kommunikationsstil.
- Nutzen Sie »Ich«-Aussagen anstatt »Du«-Aussagen – »Ich sehe dies anders.« nicht »Sie haben nicht recht.«.

Legen Sie zudem auch Wert auf die Beziehung zu Ihren Stabsmitgliedern. Ein gegenseitiges Kennenlernen ist wichtig. In der Regel kennen sich nicht alle Mitglieder eines kommunalen Krisenstabes. Um ein erfolgreiches Team zu werden, muss man sich untereinander vertrauen. Und das kurze Kennenlernen ist ein erster Schritt, Vertrauen aufzubauen.

## 9.6 Entscheidungen im Stab

Die Krisenstrategie der politisch verantwortlichen Führungskraft sollte immer benannt werden. Hierdurch werden die großen Ziele und die Randparameter, die einzuhalten sind (z. B. Finanzmittel), allen deutlich gemacht. Durch die Einsatzvorbesprechung können Sie einige Faktoren abmildern, die Teamarbeit zum Scheitern bringen können. Der folgende Infokasten benennt diese:

**Gründe für ein Scheitern von Teamarbeit nach einer Studie der Akademie für Führungskräfte Bad Harzburg (2002):**
- Kommunikationsschwierigkeiten (Angabe von 97,0 % der 376 befragten Manager)
- unklarer Auftrag (94,3 %)
- keine Zusammenarbeitskultur (91,0 %)
- unausgesprochene Konflikte (90,2 %)
- fehlendes Vertrauen (90,2 %)
- Machtkämpfe (84,8 %)
- uneffektive Teambesprechungen (84,8 %)
- kein Teamleiter (79,6 %)
- Dominanz eigener Interessen (69,2 %)
- unklare Hierarchie (56,9 %)
- offene Konflikte (52,9 %)

Nach der mentalen Einstimmung betreten die Stabsangehörigen den Stabsraum, um den Einsatz zu übernehmen. Dazu wird die Lage von dem bisher führenden Gremium (vorherige Schicht, Leitstelle etc.) vorgetragen. Ziel dieses Lagevortrages ist es, den übernehmenden Stabsmitgliedern ein vollständiges Lageverständnis zu vermitteln. Nachfragen der einzelnen Stabsmitglieder, aber besonders des Leiters des Stabes, helfen dabei. Hat der Leiter das Gefühl, dass alle im Stab die Lage verstanden haben, ist der Vortragende zu entlassen. Alle Mitarbeiter des abgelösten Gremiums sollten weiterhin telefonisch 30 Minuten erreichbar sein. Danach haben sie sich für die nächste Schicht zu erholen und sind nur noch im äußersten Notfall zu kontaktieren.

Die folgende Einsatz-Grobplanung wird von dem Leiter des Amtes (SMS oder EMS) moderiert, das am meisten von der Krise betroffen ist, bzw. vom S3. Ziel ist es, mehrere realistische Handlungsoptionen grob zu entwickeln. Als erstes muss dafür der Auftrag ausgewertet werden: Was erwartet die vorgesetzte Führungskraft von Ihnen? Falls Sie die oberste Führungskraft sind: Was erwartet die Öffentlichkeit, der politische Souverän von Ihnen? In einem operativ-taktischen Stab ist dies eine Aufgabe des S3, in einem administrativ-organisatorischen Stab eine gemeinsame Aufgabe aller Stabsmitglieder. Die Informationen zur Krisensituation werden vom S2 im ersteren und von der Koordinierungsstelle Stab im letzteren durchgeführt. Zur

Entwicklung unterschiedlicher Handlungsoptionen bieten sich Kreativ-Techniken (bspw. Brainstorming) an. Dabei haben alle Stabsmitglieder aus ihrer speziellen Fachperspektive abzuschätzen, ob die diskutierten Optionen auch realistisch umsetzbar sind. In diesem Schritt sollten alle Stabsmitglieder unabhängig von ihrer Funktion eingebunden werden. Somit wird sichergestellt, dass auch Kompetenzen aus dem Berufs- und Privatleben der Stabsmitglieder genutzt werden. Manch ehrenamtliches Stabsmitglied hat aufgrund seiner/ihrer beruflichen Tätigkeit über den Bevölkerungsschutz hinausgehende Kenntnisse, die nicht ungenutzt brach liegen dürfen. Allerdings haben selbst die besten Experten zu beachten, dass sie eine solche Herausforderung wie jetzt noch nicht zu bewältigen hatten. Denn jede Krise ist anders. Sollten Kompetenzen für die bevorstehenden Aufgaben im Stab fehlen, so sind weitere EMS bzw. Experten/Fachberater zu alarmieren.

Sobald im Stab erste Ideen entwickelt wurden, kann der Leiter die Einsatzfähigkeit verkünden. Im allgemeinen Sprachgebrauch »die Einsatzleitung übernehmen«. Formal rechtlich verbleibt diese allerdings bei der politisch verantwortlichen Führungsperson. Eine frühere Übernahme der Leitung kann nicht empfohlen werden. Vor der frühzeitigen Übernahme, bevor ein ausreichendes und einheitliches Lageverständnis im Stab existiert, wird dringend gewarnt.

Bei der Einsatz-Grobplanung kann es passieren, dass festgestellt wird, dass nicht alle Kompetenzen für die folgende Einsatz-Feinplanung im Stab vorhanden sind. Schon jetzt, bevor eine Handlungsoption endgültig ausgewählt wird, sollten die entsprechenden Personen alarmiert werden, was Aufgabe der KGS bzw. des S1 ist. Die Ergebnisse der Einsatz-Grobplanung werden der politisch verantwortlichen Führungskraft durch den Stabsleiter vorgelegt. Erste darf alternativlose Vorschläge nicht tolerieren. Wird ihr nur eine realistische Option vorgeschlagen, kann sie keine Entscheidung treffen.

Nach der Entscheidung für eine Handlungsoption beginnt die Feinplanung separat in den einzelnen Stabsbereichen. Wobei die notwendigen bi- oder multilateralen Absprachen im Stab erfolgen. Die wesentlichen Inhalte der Feinplanung werden im Stab vorgetragen. Kommt der Leiter des Stabes dabei zum Entschluss, dass die vorgegebenen Ziele zeitgerecht zu erreichen sind, gibt sie die Feinplanung frei und die einzelnen Bereiche beauftragen die unterstellten Akteure (Ämter, Organisationen) im Namen der politisch verantwortlichen Führungskraft zur Durchführung der Maßnahmen. Nach der Auftragserteilung ist deren Ausführung zu evaluieren. Dazu dienen die regelmäßigen Lagemeldungen (▶ Kapitel 4.2). Zu diesem Punkt endet der erste Durchgang des »großen Führungskreislaufs«. Sind die Maßnahmen erfolgreich, beginnt der »kleine Führungskreislauf«: Notwendige kleinere Korrekturen der Planung erfolgen in den einzelnen Bereichen eigenständig. Sollten die Maßnahmen

## 9.6 Entscheidungen im Stab

allerdings nicht greifen oder tritt eine neue Schadenlage auf, beginnt der zweite Durchlauf des »großen Führungskreislaufs« mit dem Herstellen eines gemeinsamen Lageverständnisses.

Bei der Entscheidungsfindung können zwei Fehler auftreten (Csaszar/Enrione, 2015):

- Es wird die falsche Option gewählt (Typ I-Fehler).
- Es wird eine gute Option nicht in Erwägung gezogen (Typ II-Fehler).

---

**Beispiel:**

*Typ-I-Fehler (Falsche Option gewählt):*

**Love-Parade-Katastrophe in Duisburg am 24. Juli 2020**
Das Unglück bei der Love-Parade wurde u. a. aufgrund einer Verkettung von Typ-I-Fehlern ausgelöst (Gerlach, 2020):
- Um eine Überlastung im Tunnel zu vermeiden, hätte die Sperrung der beiden Zugänge erfolgen müssen. Diese erfolgte nicht, um die Staubildung vor den Zugängen zu vermeiden.
- Auf dem Rampenkopf hätten die Besucher zum Weitergehen bewegt werden müssen, anstatt am Fuß der Rampe eine Polizeikette zu bilden.

**Feuer im Valley-Parade-Stadion in Bradford am 11.05.1985**
Wesentliche Ursache für die Vielzahl an Toten war, dass die Notausgänge vom Veranstalter verschlossen wurden, damit durch diese nicht weitere Zuschauer ins volle Stadion gelangen konnten.

**Feuer im Grenfell Tower in London am 14.06.2017**
Ein übliches Vorgehen bei Wohnungsbränden in Hochhäusern ist es, die Menschen in nicht betroffenen Wohnungen zu belassen (Stay-Put-Regel). Hintergrund dieses Vorgehens ist, dass ein Wohnungsbrand in der Regel auf diese Wohnung für eine längere Zeit beschränkt bleibt und mittels Innenangriff gelöscht werden kann. Beim Brand im Grenfell Tower griff das Feuer allerdings über die Fassade sehr schnell auf andere Wohneinheiten in mehreren Stockwerken über, sodass die Anwendung der Stay-Put-Regel eine Vielzahl der Toten zur Folge hatte.

*Typ-II-Fehler (gute Option ausgelassen):*

**Nicht-Einbindung von »Essen packt an!« in die städtische Gefahrenabwehr nach dem Sturm Ela am 09./10. Juni 2014:**
In manchen Bereichen der Stadt Essen knickte der Sturm mehr als 80 % der Bäume um, auf das gesamte Stadtgebiet gesehen waren es 15 %. Aufgrund der Lebensgefahr mussten Parks (z. B. in der Gruga) und Friedhöfe für Wochen gesperrt werden. Durch eine koordinierte Einbindung der Spontanhelfenden-Organisation »Essen packt an!« hätten die Gefahrenstellen schneller entschärft werden können.

# 9 Stabslehre

Grundsätzlich können auf drei unterschiedliche Arten Entscheidungen in Stäben getroffen werden:
1. einstimmig,
2. mehrheitlich,
3. durch eine Person, i. d. R. durch die politisch verantwortliche Führungskraft.

Einstimmige Entscheidungsfindungen liefern viele Typ-II-Fehler, aber minimieren Typ-I-Fehler. Ein-Personen-Entscheidungen erhöhen die Wahrscheinlichkeit von Typ-I-Fehlern, minimieren aber je nach Person die Anzahl an Typ-II-Fehlern. Die Fehlerhäufigkeit von Mehrheitsentscheidungen liegt zwischen diesen beiden Extremen. Je nach möglichen Kosten einer Fehlentscheidung sollte eine der drei Varianten Entscheidungen zu treffen, gewählt werden. Im besten Fall, der aber hoch trainierte Stäbe voraussetzt, passt der Leiter des Stabes die Methode der Entscheidungsfindung an das Problem an. Dabei sollten folgende Vorgehensweisen gewählt werden:

Tabelle 5: *Verschiedene Vorgehensweisen bei der Entscheidungsfindung*

| Kosten bei einem Fehler | Methode der Entscheidungsfindung | Vorgehen |
|---|---|---|
| Typ I > Typ II | Einstimmigkeit | Der Leiter des Stabes motiviert alle, ihre Meinung offen zum Ausdruck zu bringen. Arbeitsgruppen bilden, die die verschiedenen Argumente ausführlich analysieren. Entscheidung verschieben, damit alle Stabsmitglieder Zeit haben, neue Argumente zu finden. |
| Typ I < Typ II | Entscheidung durch die politisch verantwortliche Führungskraft | Der politisch verantwortlichen Führungskraft werden durch ein Stabsmitglied (S3 oder Vertreter des hauptsächlich betroffenen Bereiches) die verschiedenen Optionen vorgestellt. Jede Gruppe stellt ihre Gedanken vor, Nachfragen durch die politisch verantwortliche Führungskraft sind möglich, eine Diskussion allerdings nicht. Die politisch verantwortliche Führungskraft entscheidet. |

## 9.6 Entscheidungen im Stab

**Tabelle 5:** *Verschiedene Vorgehensweisen bei der Entscheidungsfindung – Fortsetzung*

| Kosten bei einem Fehler | Methode der Entscheidungsfindung | Vorgehen |
|---|---|---|
| **Typ I ≈ Typ II** | Mehrheitsentscheidung | In einem Lagevortrag zur Entscheidung stellt jede Gruppe ihre bevorzugte Option vor. Jedes Stabsmitglied kann nachfragen. Zur Entscheidung wird anschließend abgestimmt. |

Neben der Ordnung der Zeit für den Gesamteinsatz ist auch die Zeit der Stabsarbeit zu ordnen. Die Arbeit des S3 hängt wesentlich von den Arbeitsergebnissen des S2-Bereiches ab. Deshalb sollten die kurzen Arbeitspausen des S3-Bereiches in die Hauptarbeitsphase des S2-Bereichs und umgekehrt eingeplant werden.

# 10 Krisenkommunikation

Gerade aufgrund der umfangreichen technischen Möglichkeiten ist es notwendig, ein besonderes Augenmerk auf die Kommunikation innerhalb der Krisenreaktionsorganisation zu werfen. Sich gegenseitig mit Informationen »zuzumüllen«, behindert die Krisenreaktion. Aufgabenorientierte Kommunikation ist der Schlüssel zur Reduktion der Informationsmenge. Welche Informationen benötigt der jeweils andere gerade jetzt (▶ Kapitel 6)? Kommen die Informationen noch rechtzeitig vor Ort an? Und wie versteht der andere die notwendigen Informationen am einfachsten? Bilder sind häufig einfacher zu verstehen als lange Sätze. Sie sollten auch Negativ-Anordnungen vermeiden, wie »Tue dies nicht!«. Auch sollten Sie keine Anweisungen oder Meldungen mit einem »aber« verfassen. Menschen negieren alles vor dem »aber«. Verwenden Sie stattdessen lieber »und« und »oder«.

## 10.1 Deutungshoheit gewinnen und behalten

Menschen erwarten in einer Krise von einer »Autorität« die Reduzierung ihrer Ungewissheit und Unsicherheit. Sie wollen wissen, was vor sich geht, was passieren wird, worauf sie sich vorbereiten müssen und was notwendig ist (im Allgemeinen und von Ihnen persönlich), um ihre Situation zu verbessern. Mit der Schnelligkeit von Social Media bieten sich den Betroffenen schlagartig nach dem Eintreten einer Krise eine Vielzahl von »Autoritäten« an. Und viele, die erst einmal einer dieser häufig selbst ernannten »Autoritäten« folgen, verbleiben auch im Laufe der Krise bei diesen und folgen nicht mehr den zuständigen Gefahrenabwehrbehörden. In dieser Kakophonie der Empfehlungen, Ratschläge, Ursachenbeurteilungen usw. müssen Sie als politisch verantwortliche Führungskraft danach streben, in einem gewissen Grad einen Einfluss auf die Bevölkerung zu erringen und dann zu behalten. Dazu benötigen Sie u. a. Glaubwürdigkeit. Diese hilft Ihnen nicht nur bei der Bewältigung der Krise, sondern sichert auch Ihr politisches Überleben nach der Krise. Sie dürfen sich allerdings nie auf Ihre Glaubwürdigkeit von vor der Krise verlassen. Entscheidend ist Ihre Krisenkommunikation. Darin müssen Sie sich auszeichnen, damit Ihnen die Menschen glauben und dann auch Ihre Anordnungen befolgen.

In Krisen kommt es auch immer wieder vor, dass sich staatliche Behörden und deren Vertreter widersprechen und somit zur Verunsicherung der Menschen beitragen (z. B. Tschernobyl, EHEC, Covid-19-Pandemie). Sie müssen deutlich machen,

## 10.1 Deutungshoheit gewinnen und behalten

dass Sie für Ihren Zuständigkeitsbereich die richtigen Anweisungen geben. Falls andere Verantwortliche für deren Zuständigkeitsbereich andere Handlungsanweisungen erlassen, so könnte es an den anderen Bedingungen in deren Bereichen liegen. Vermeiden Sie es unbedingt, diese Anordnungen als falsch zu deklarieren. Ihr erstes Ziel als politisch verantwortliche Führungskraft muss es deshalb sein, sehr schnell eine Definition der Situation so anzubieten, dass möglichst viele Menschen sie als die »wahre« Darstellung der Situation akzeptieren. Sollte dies nicht gelingen, werden Ihre Entscheidungen weder verstanden noch akzeptiert und befolgt.

Sie und Ihre Krisenkommunikationsexperten sind also gefordert, eine zwingende »Story« der Geschehnisse schnell zu präsentieren. Die »Story« muss sachlich korrekt sein und umsetzbare Ratschläge beinhalten. Sie sollte Empathie zeigen und Zuversicht verbreiten, dass die Krise trotz der scheinbaren Aussichtslosigkeit gemeistert werden wird. Entsprechende Beispiele finden sich in der Geschichte zahlreich: z. B. Churchills »Schweiß und Blutrede«. In diesem Zusammenhang soll darauf hingewiesen werden, dass man als politisch verantwortliche Führungskraft selbst zuversichtlich sein muss. Hochspringer, die sich einreden, dass sie die Latte reißen werden, werden dies auch mit großer Wahrscheinlichkeit tun. Und Zweifel sind ansteckender als der ansteckendste Grippevirus.

**Merke:**
Um die Deutungshoheit zu erlangen und zu behalten, sollten Sie folgendes beherzigen:
- Geben Sie glaubhafte Erklärungen zum derzeitigen Geschehen.
- Geben Sie konkrete und umsetzbare Empfehlungen.
- Zeigen Sie Empathie.
- Vermitteln Sie das Gefühl, dass Sie die Situation im Griff haben.
- Zerstreuen Sie Unsicherheiten.

Es versuchen zunehmend auch andere Gruppierungen Krisen für ihre Agenda zu nutzen (Stichwort: Populismus). Deshalb ist es wichtig, Ihre Idee und Ihr Lagebild in Geschichten umzusetzen, damit Sie die Bevölkerung erreichen. Sie sollten derjenige sein, der die öffentliche Meinung aktiv bildet. Nur so können Sie Ungewissheiten und Unsicherheiten vermeiden (Stichwort: Fake News – Thomas-Theorem).

# 10 Krisenkommunikation

**Merke:**

Schlüssel für eine erfolgreiche Krisenkommunikation:
- Geschwindigkeit
- Genauigkeit
- Glaubwürdigkeit
- Beständigkeit
- Folgerichtigkeit

Mindestinhalt der Krisenkommunikation:
- Beschreiben Sie, was vermutlich passieren wird. Konkretisieren Sie das Ausmaß der Krise.
- Beschreiben Sie, was gegen die Krise vernünftigerweise unternommen werden kann. Konkretisieren Sie den Umfang und die Limitation des eigenen Vermögens.

Vermitteln Sie eine überzeugende Geschichte, wird sich das Vertrauen in Sie erhalten und stärken. Ziel muss es sein, dass alle hinter Ihren Entscheidungen stehen (vgl. die sich veränderte Situation während der Covid-19-Pandemie von »Alle stehen hinter der Kanzlerin.« bis zu »Jeder Ministerpräsident weiß es besser.«). Vermitteln Sie, dass Sie Entscheidungen zum Wohle Aller treffen und auch treffen müssen, selbst wenn die Informationslage unbefriedigend ist. Experten geben lediglich Ratschläge, müssen aber keine Entscheidungen treffen und sich auch nicht für deren Folgen verantworten (vgl. das Verhältnis politisch Verantwortlicher und Virologen während der Covid-19-Pandemie). Wenn Sie es nicht schaffen, dass die Mehrheit der Öffentlichkeit eine Krise in Ihrem Sinne deutet, werden Sie nicht in der Lage sein, die Krise erfolgreich zu bewältigen. Deuten Sie die krisenhafte Situation nicht, werden es andere für Sie tun. Jedes Vakuum in der Krisenkommunikation wird unmittelbar von anderen gefüllt. Und nicht jeder von diesen ist Ihnen wohl gesonnen. Beachten Sie, dass eine gute Geschichte neben den reinen Fakten auch immer Emotionen beinhaltet. Ihre Geschichte zur Deutung der Ereignisse sollte inspirierend sein und die Adressaten emotional berühren. Dies gilt sowohl für die interne wie für die externe Krisenkommunikation.

**Tipp:**

Rhetorik ist ein wichtiges Werkzeug der Krisenbewältigung! Je nach Situation und Ihrer Absicht nutzen Sie eine mehr emotionale oder Verwaltungs- bzw. juristische Sprache. Mittels emotionaler Ansprachen können Sie Menschen motivieren und mitreißen. Verwaltungssprache beruhigt häufig eine Situation.

## 10.2 Interne Krisenkommunikation

Die interne Krisenkommunikation dient der Beschaffung von Informationen, dem Generieren eines gemeinsamen Lagebewusstseins und der Motivation aller an der Krisenbewältigung Beteiligter. Die Informationen müssen beschafft, strukturiert und bewertet werden (▶ Kapitel 6). Dabei ist zu beachten, dass je nach Führungsebene, der Auflösungsgrad der Informationen angepasst werden muss.

Bei der Vermittlung des Situationsbewusstseins ist darauf zu achten, dass ein Gesamtüberblick vermittelt wird (»Du formst nicht nur Backsteine, sondern Du arbeitest an dem Bau einer Kathedrale.«). Es ist zusätzlich wichtig, dass auch Annahmen zur Ursache, Auswirkungen und Prognosen thematisiert werden. Somit wird jede Person in die Lage versetzt, die Zusammenhänge zu erkennen, Ihr Handeln im Gesamtkontext zu verstehen und ggf. kritische Punkte auszumachen.

**Achtung:**
Folgende Fehler treten bei der internen Krisenkommunikation immer wieder auf:
- unangemessener, nicht adressatengerechter Auflösungsgrad,
- hypothesengerechte Informationsbeschaffung,
- Übergeneralisierung,
- ungeprüfte Übertragung von Vorwissen,
- Bildung von reduktiven Hypothesen,
- dogmatische Verschanzung,
- keine Extrapolation bzw. unangemessene lineare Fortschreibung,
- keine gemeinsame Problemdefinition, sondern die Übernahme einer Einzelposition, besonders die von Führungskräften.

Als politisch verantwortliche Führungskraft müssen Sie sich um Ihre Einsatzkräfte kümmern. Vielfältiges Lob für Spontanhelfende kann schnell dazu führen, dass sich Ihre Mitarbeiter nicht entsprechend gewürdigt fühlen, was zu Frust und Demotivation führen kann. Deshalb sollten sie diese immer ausreichend informieren und motivieren. Und vor allem schützen Sie sie vor Kritik von außen und bauen Sie sie nach Misserfolgen wieder auf. Erklären Sie auch, warum einige von ihnen in Bereitstellung vorgehalten werden müssen, und nicht sofort eingesetzt werden. Stiften Sie einen Sinn bei all Ihren Maßnahmen. Wählen Sie so oft wie möglich den direkten Kontakt: Fragen Sie Ihre Mitarbeiter wie es läuft und wie es ihnen und ihren Familien/Freunden geht. Kümmern Sie sich auch um die Angehörigen Ihrer Mitarbeiter sowie um Helfer. Lassen Sie die innere Kommunikation nie abreißen.

## 10.3 Externe Krisenkommunikation

Krisen markieren einen Zusammenbruch der bekannten sozio-politischen Ordnung. Weder die Ursachen noch die Zukunft sind leicht zu verstehen. Verschiedene Deutungen der Situationen, Beschuldigungen und Empfehlungen werden sich besonders in den sozialen Medien verbreiten. Als politisch verantwortliche Führungskraft müssen Sie die verschiedenen Ebenen angepasst ansprechen.

Die externe Krisenkommunikation dient dazu, die Menschen in Ihrem Zuständigkeitsbereich gut durch die Krise zu bringen. Dazu ist es notwendig, dass Sie sich nicht hinter Mitarbeitern verschanzen, sondern selbst das »Gesicht des Krisenmanagements« werden. Bleiben Sie dabei immer authentisch und persönlich – Sie sind auch Mensch, nicht nur Krisenmanager. Ein Hauptziel besteht für Sie darin, dass die Bevölkerung Sie als Hauptinformations- und -interpretationsquelle sowie als Ratgeber durch die gesamte Krise hindurch ansieht. Zeigen Sie der Bevölkerung einen glaubhaften Weg aus der Krise. Es besteht eine Dreiecksbeziehung zwischen den politischen Akteuren, den Medien (einschließlich Social Media) und der Bevölkerung. Jeder sendet, empfängt und nimmt Informationen über die Krise wahr und Sie müssen Ihre Definition der Situation in dieser Dreiecksbeziehung durchsetzen. Schon während der Krise wird die Opposition versuchen, ihre Chance zu nutzen und aus Ihrem Handeln Kapital zu schlagen. Aber nicht nur diese, sondern auch Experten und Nichtregierungsorganisationen werden versuchen, Publicity zu bekommen.

Ihre Warnungen und Handlungsempfehlungen sollten direkt, einfach und möglichst nur eindeutig interpretierbar formuliert werden. Der Bereich der Medien spaltet sich in drei Teilbereiche auf: die lokale Presse, die überregionale Presse und Social Media, die gegeneinander um die Aufmerksamkeit der Öffentlichkeit konkurrieren. Die Vertreter der jeweiligen Bereiche können sowohl Freund wie auch Feind sein. Und im Laufe der Krise können aus Freunden auch Feinde werden – umgekehrt dürfte dies nur sehr selten geschehen. Am Anfang einer Krise werden Sie die lokale Presse noch leicht auf Ihre Seite ziehen können, da sie die handelnden Personen kennen und diese auch zukünftig ein gutes Verhältnis zu Ihnen haben möchten. Bei der überregionalen Presse sieht dies schon anders aus, von den sozialen Medien ganz zu schweigen. Aber auch die lokale Presse kann ihr positives Verhalten ändern, wenn sie um Leser/Kunden kämpft.

Die Öffentlichkeit ist nicht nur Betroffene, sie ist vielmehr auch Handelnde, Zuschauerin, Zeugin für Journalisten und mittels Social Media auch eine Informationsquelle. Sie ist in all diesen Funktionen angepasst anzusprechen. Der Durchschnittsbürger ist heute nicht mehr machtloser Empfänger der staatlichen Maß-

## 10.3 Externe Krisenkommunikation

nahmen zur Krisenbewältigung. Die Menschen erwarten in einer Krise von Ihnen Informationen, aber sie werden diese nicht uneingeschränkt glauben. Dabei ist in den letzten Jahren der Trend sichtbar geworden, dass wissenschaftlich fundierte Fakten immer weniger ausschlaggebend sind und dafür »gut erzählte Geschichten« eher geglaubt werden. Dies nutzen zahlreiche Akteure, um ihre Interessen durchzusetzen, selbst wenn sie oder gerade, weil sie dadurch der Allgemeinheit schaden. Für alle gilt allerdings, dass sie offizielle Verlautbarungen kritisch hinterfragen. Autoritätshörigkeit gehört auch in Krisen der Vergangenheit an. Für Sie als politisch verantwortliche Führungskraft ist es daher wichtig, dass Sie genau die Informationen vermitteln, die die Öffentlichkeit gerade zu dem Zeitpunkt verlangt:

- Was werden die Folgen der Krise sein?
- Wie kann ich die Folgen der Krise für mich persönlich minimieren?
- Was machen Sie als politisch verantwortliche Führungskraft, um die Auswirkungen der Krise zu reduzieren und sie zu bewältigen?
- Was sind Ihre nächsten Schritte?
- Was wird vermutlich in nächster Zeit passieren, womit ist zu rechnen, worauf muss man sich vorbereiten?
- Wie lange wird die Krise andauern?
- Was wird nach der Krise sein?

**Tipp:**
Sprechen Sie etwaige unterschiedliche Meinungen in Ihrem Krisenbewältigungsteam an. So nehmen Sie Whistleblowern den Wind aus den Segeln.

Externe Krisenkommunikation beginnt aber weit vor der Krise – sie beginnt in diesem Moment. Sie müssen sich einen Reputationsbonus und Vertrauen erarbeiten. Sie können die Deutungshoheit nur erringen und behalten, wenn Ihnen vertraut wird. Geht das Vertrauen verloren, wird jeder in Ihren Worten, Empfehlungen, Warnungen und Taten, nur nach Lügen, Täuschungen und persönlicher Vorteilsnahme suchen und nicht mehr die eigentlichen Informationen aufnehmen. Es wird Ihnen auch unterstellt werden, dass jede Fehlinformation nicht nach Ihrem besten Wissen zum Zeitpunkt der Veröffentlichung erfolgte, sondern von Ihnen absichtlich verbreitet wurde. Dies verstärkt den Eindruck der Nichtglaubwürdigkeit und führt somit in eine Abwärtsspirale des Vertrauens in Ihre Person. Vermeiden Sie starke Versprechungen über Ihre Krisenbewältigung, wenn Sie sich nicht sicher sind, dass Sie sie auch erfolgreich umsetzen werden. Das Netz vergisst nichts und man wird Ihnen Ihre alten

Aussagen vorhalten. Sie benötigen schon ein gehöriges Maß an Reputation, wenn Sie auf Ihr »eigenes Geschwätz« von gestern keinerlei Rücksicht nehmen müssen.

Beachten Sie immer, Menschen wollen in der Krise Sicherheit und Hoffnung auf bessere Zeiten. Die meisten wollen keine Opfer sein, sie wollen etwas unternehmen, damit die Situation besser wird. Aber die Verantwortung zur Beherrschung der Krise liegt bei Ihnen als politisch gesamtverantwortliche Person. In der Krise sind Sie gefordert! Um das Vertrauen in Ihre Person nicht zu gefährden, darf die Fallhöhe zwischen Erwartungen in der Öffentlichkeit und Realität nicht zu groß werden. Versuchen Sie, diese Erwartungen in einem realistischen Bereich zu halten.

**Tipp:**
Erklären Sie, was Sie gemacht haben, was Sie machen wollen und warum dies so viel Zeit benötigt.
Vermitteln Sie
- das Gefühl, dass die Betroffenen nicht allein sind. Durchbrechen Sie die gefühlte Isolation, die viele Betroffene überkommt.
- Hoffnung: Hilfe ist auf dem Weg, die Situation wird besser, auch wenn es derzeit noch nicht so scheint.

Wenn politisch verantwortliche Führungskräfte im Laufe einer Krise in eine politisch-persönliche Krise geraten, liegt es gelegentlich an den (sozialen) Medien. Häufiger liegt dies aber an der eigenen schlechten externen Krisenkommunikation, die dann Auslöser und Verstärker einer medialen Hetzjagd wird. Nach Klapproth (2018) wiederholen sich die medialen Abläufe in Krisen:
- Bericht über die Ereignisse,
- Diskussion und Spekulationen über Ursachen und Schuldfragen,
- Hintergrundberichterstattung z. B. über die handelnden Personen,
- Bewertung der Ereignisse durch Experten.

Zeitgleich beginnen die Ermittlungen der Aufsichts- und Strafverfolgungsbehörden. Sowohl die Öffentlichkeit als auch die Medien und die Behörden suchen nach Schuldigen. Durch eine schlechte externe Krisenkommunikation bzw. keinen Vertrauensvorschuss, kommen Sie schnell in den Fokus der Spekulationen und die Bewältigung dieser Sekundär-Krise fordert Sie dann unter Umständen stärker als die eigentliche Krise. Bedenken Sie, das Informationszeitalter hat einen Zwillingsbruder: das Desinformationszeitalter, in dem Unmengen an Fake News produziert, verbreitet und konsumiert werden. Durch die ständige Verfügbarkeit der Smartphone-Kamera und die permanente Verbindung mit dem Internet werden sehr schnell Bilder der

## 10.3 Externe Krisenkommunikation

Krise und besonders von Betroffenen weltweit verbreitet. Wenn Ihre externe Krisenkommunikation nicht schnell genug ist, laufen Sie den medialen Ereignissen nur noch hinterher. Auch hier muss Ihr Ziel lauten: »Vor die Lage kommen!« Liefern Sie keine Informationen, öffnen Sie Spekulationen Tür und Tor. Die externe Krisenkommunikation ist ein wesentlicher Baustein des Krisenmanagements (vgl. BBK, 2018). Da jede Krise einmalig ist, muss auch jede externe Krisenkommunikation einmalig sein. Aber einige Grundsätze helfen, die gefährlichsten Klippen glimpflich zu umschiffen:

- Externe Krisenkommunikation ist Chefsache!
- Seien Sie aktiv und schnell. Versuchen Sie die Wahrnehmung über die Krise zu gestalten und Meinungen zu bilden.
- Strahlen Sie, besonders auch mittels Ihrer Körpersprache, Zuversicht und Optimismus aus. Zweifel sind eine sehr ansteckende Krankheit und demotivieren sehr schnell die Helfer im Feld.
- Seien Sie offen und transparent. Sie haben die Krise erkannt und arbeiten an ihrer Bewältigung. Reden Sie nichts klein, versuchen Sie die Situation nicht zu beschönigen. Diese ist ernst, aber es gibt Hoffnung. Und Sie und alle Akteure arbeiten schwer daran, die Situation für die Betroffenen zu verbessern.
- Geben Sie auch noch nicht allgemein bekannte Informationen weiter. Wenn Sie nur das sagen, was schon bekannt ist, scheint es so, dass Sie etwas zu verbergen haben.
- Zeigen Sie Verantwortung. Sie sind als politisch verantwortliche Führungskraft für die Bewältigung der Krise verantwortlich und Sie kümmern sich auch darum. Beschreiben Sie, was Sie vorhaben, wie Sie die Krise bewältigen wollen.
- Machen Sie niemandem Vorwürfe (besonders nicht den Betroffenen, auch nicht den Journalisten). In der Krise konzentrieren Sie sich auf die Bewältigung der Krise. Schaffen Sie sich keine zusätzlichen Gegner, sie haben auch so schon genug zu tun.
- Sagen Sie zu, dass Sie – wie üblich – nach der Krise, genau analysieren werden, was gut und was nicht so gut gelaufen ist.
- Rechtfertigen Sie sich nicht. Rechtfertigungen lenken nur vom Wesentlichen der Krisenbewältigung ab.
- Gestehen Sie Fehler ein. Sie sind auch nur ein Mensch.
- Vermeiden Sie Ironie. Niemand versteht sie in einer Krise.
- Versuchen Sie, dass alle Akteure mit einer Stimme sprechen oder zumindest sich nicht widersprechen.
- Nutzen Sie eine zielgruppenangepasste Sprache.

- Verschanzen Sie sich nicht in Ihrem Stab.
- Als politisch verantwortliche Führungskraft können Sie sich nicht nur um die Öffentlichkeitsarbeit kümmern. Deshalb sollte Ihr Pressesprecher immer ansprechbar sein und Sie sollten nur zu festen Zeiten vor die Presse treten. Dazwischen zeigen Sie, dass Sie an der Bewältigung der Krisen arbeiten und sich um die Betroffenen kümmern.
- Setzen Sie niemals auf Verheimlichungen und spielen Sie niemals den Ernst der Krise herunter.
- Verschleiern Sie niemals sensible Bereiche der eigenen Krisenreaktion. Seien Sie offen und ehrlich.
- Geben Sie niemals zu optimistische Prognosen ohne fundierte Maßnahmen zu treffen.
- Last but not least: Bedenken Sie immer etwaige zivil- und strafrechtliche Folgen Ihrer Aussagen, lassen Sie sich vom Rechtsamt beraten.

Seien Sie sich immer bewusst, dass alle Ihre Entscheidungen, Handlungen und Unterlassungen sofort von einer weltweiten Öffentlichkeit berichtet, überprüft und bewertet werden. Besonders – vermeintliche – Experten werden eine Unzahl von Foren finden, Sie zu beurteilen.

# 11 Nach der akuten Krise

## 11.1 Die Zeit unmittelbar nach der akuten Krise bewältigen

Demokratische Regierungen können einen Ausnahmezustand nicht unendlich aufrechterhalten (vgl. z. B. die Lockerungen der Anordnungen im Rahmen der Covid-19-Pandemie). Nach einer von der jeweiligen Krise abhängigen Zeit, müssen Sie als politisch verantwortliche Führungskraft den Übergang zum »Normalzustand« einleiten. Resiliente Organisationen versuchen dabei einen besseren neuen Zustand zu erreichen als den alten Normalzustand, in dem sie z. B. aus der Krise lernen.

Wenn Sie Glück haben, wird Ihre Krise durch eine andere abgelöst, die die gesamte öffentliche Aufmerksamkeit beansprucht. Sie sollten sich aber darauf nicht verlassen, selbst wenn heute mehr oder weniger in schneller Abfolge eine »Sau nach der anderen durch das Dorf gejagt wird«. Um nicht im Nachhinein noch zu scheitern, sollten Sie sich als politisch verantwortliche Führungskraft schon heute eine Strategie zur Beendigung einer Krise zurechtlegen und sich darauf entsprechend vorbereiten. Ziel muss es sein, neben dem Ende auf der operationalen Ebene auch ein Ende auf allen anderen Ebenen zu erreichen: der politischen, der juristischen und der öffentlichen. Ist die Krise auf einer dieser Ebenen nicht abgeschlossen und schwelt weiter, kann sie auch leicht wieder auf den anderen Ebenen eskalieren.

> **Beispiel: Duisburger Love Parade Katastrophe am 24.07.2010**
> Eine Panik kostete während der Love Parade 21 Menschen das Leben. Mindestens 500 weitere erlitten Verletzungen. Die Gefahrenabwehr konnte noch am selben Tag beendet werden, aber am Abend des 24.07. begann die politische Krise mit der Pressekonferenz. Duisburgs Oberbürgermeister Sauerland stellte fest: »Soweit wir das Szenario kennen, sind die Toten entstanden, weil man Sicherheitsvorkehrungen überklettert hat und dann abgestürzt ist.« Die späteren gerichtsmedizinischen Untersuchungen bestätigten diese Vermutung nicht. Der Eindruck blieb bis heute, dass Herr Sauerland jegliche Verantwortung von vornherein auf die Opfer abschieben wollte. Die Krise eskalierte weiter als auf WikiLeaks interne Akten an der Genehmigung beteiligter Behörden am 20.08.2010 veröffentlicht wurden. Während dieser politischen Krise schoben sich alle Akteure gegenseitig die Schuld zu. Der Oberbürgermeister Sauerland verlor am 12.02.2012 aufgrund eines Bürgerentscheides sein Amt. Ein bis dahin in NRW noch nicht dagewesenes Ereignis. Wesentlich dafür war die sehr mangelhafte Öffentlichkeitsarbeit während und besonders nach der Katastrophe. Parallel dazu begann die juristische Aufarbeitung

> der Krise, die mit der Einstellung der Verfahren während der Corona-Krise 2020 endete. Die psychologische Krise bei den Betroffenen und Hinterbliebenen dürfte weiterbestehen, da niemand zur Verantwortung gezogen wurde.

Mittels formaler Gesten können Sie die Stimmung der Bevölkerungen zwar aufnehmen, aber niemals leiten. Sie müssen aktiv werden: Legen Sie einen ehrlichen und transparenten Evaluationsbericht vor, der beschreibt, was passiert ist und warum. Mit einem guten Bericht unterstützen Sie die Beendigung einer Krise. Mit einem fehlerhaften oder unvollständigen verlängern Sie die Krise: Sie legen den Grundstein für die politische Krise nach der eigentlichen Krise. Öffentliche Fehlereingeständnisse sind sowohl politisch (die Opposition wartet u. U. nur darauf, besonders, wenn sie vorab in die Krisenbewältigung nicht eingebunden war) wie auch privat- und strafrechtlich problematisch. All Ihre Aussagen sollten Sie deshalb auf rechtliche Relevanz durch einen Juristen Ihres Vertrauens vorab überprüfen lassen.

Nur durch eine ehrliche Aufarbeitung der Krise schaffen Sie es, sie in die »neue Normalität« zu überführen. Zeigen Sie, dass alle an der Krisenbewältigung Beteiligten ihr Bestes im Rahmen der Umstände gaben. Versuchen Sie, mit den Ihnen zugeschriebenen Verantwortungen vor und während der Krise umzugehen, ohne unwürdige und potenziell aussichtslose Selbstverteidigungstaktiken zu nutzen. Solche Taktiken führen in der Regel dazu, die Krise zu verlängern und den politischen Kampf zu eröffnen.

Krisen enden in der Regel nicht, bevor jemandem die Verantwortung für das Geschehene zugeschrieben werden kann. Sollten Sie als politisch verantwortliche Führungskraft diese Person sein, der die Verantwortung für die Schäden zugeschrieben wird, ist es in der Regel besser, wenn Sie offensiv damit umgehen und von sich aus Verantwortung übernehmen. Was im Nachhinein objektiv eine Fehlentscheidung war, kann während der Krise unter dem Stress und der unvollständigen Informationslage durchaus eine sinnvolle Entscheidung gewesen sein.

**Evaluation**

Das wichtigste Hilfsmittel für einen erfolgreichen Abschluss einer Krise ist eine umfangreiche, ehrliche und transparente Evaluation. Solch eine Evaluation sollte Standard bei Ihnen sein, egal ob eine Krise erfolgreich oder weniger erfolgreich gemeistert wurde. Und Sie sollten unmittelbar nach dem Ende der operativen Krise immer auf diese Evaluation hinweisen. Zu schnelles Eigenlob oder Abwehr von Vorwürfen sieht schnell nach schlechtem Gewissen und Vertuschen von Fehlern aus. Ohne eine entsprechende Nachbereitung kann schnell der Eindruck von mangelnder

## 11.1 Die Zeit unmittelbar nach der akuten Krise bewältigen

Führung, Kompetenz, Integrität und Legitimität entstehen, der die Krise zu Ihrer persönlichen Krise werden lässt.

Bei der Veröffentlichung der Evaluationsergebnisse müssen Sie erklären, wie es zu dieser Krise kommen konnte. Nur sehr wenige Krisen sind wirklich Gott gegeben. Der Auslöser mag wie bei einer Naturkatastrophe außerhalb menschlicher Verantwortung liegen, aber die allgemeine Vorbereitung auf Krisen und das Krisenmanagement an sich liegen in der Verantwortung von Personen. Passen Sie aber auf, dass Sie nicht andere beschuldigen. Diese werden sich in der Regel verteidigen, indem sie wiederum andere, evtl. Sie, beschuldigen (vgl. z. B. die Reaktionen nach der Love Parade-Katastrophe in Duisburg 2010). Und so beginnt ein »Blame Game«, an dessen Ende auch Sie in der Regel in Mitleidenschaft gezogen werden. Wichtig ist zu vermitteln, dass Sie bereit sind, politisch Verantwortung zu übernehmen, wenn der Evaluationsbericht Versäumnisse Ihrerseits feststellen sollte.

**Tipp:**

Zur Vermeidung eines »Blame Game« sollten Sie:
- Ihre Verantwortung akzeptieren.
- entsprechende Rhetorik und Gesten nutzen. Dies ist ehrenhaft und kann für Sie die Bewältigung der Krise nach der Krise sein.
- versuchen, immer das langfristige Wohl Ihrer Verwaltung vor das kurzfristige persönliche Wohl zu stellen.

Ein selbsternannter, aber wichtiger »Ermittler« sind die Medien. Sie haben mehrere Alternativen, wenn Sie in das Fadenkreuz amtlicher oder nichtamtlicher Ermittler kommen:

- Kooperation mit den Ermittlern oder »mauern«,
- proaktiv evaluieren oder reaktiv,
- emotional oder nüchtern, faktenbasiert,
- Fehler anerkennen oder verneinen.

Je nach Ihrer Persönlichkeit und Art der Krise müssen Sie sich für eine Strategie aus den Alternativen entscheiden. Wenn Sie nicht über die Eigenschaften und Ressourcen eines Donald Trump verfügen, führt mauern und verneinen meistens nicht zum Erfolg, sobald die Medien, die Opposition oder die Staatsanwaltschaft sich Ihrer Krise annehmen. Und es können immer wieder über eine lange Zeit ggf. auf- und abschwellend Vorwürfe aufkommen. Dann müssen Sie sich die Frage beantworten, wie lange Sie bereit sind, für Ihren guten Ruf zu kämpfen. Resignation kann Sie schon überfallen, wenn sich anscheinend die gesamte Welt gegen Sie verschworen hat. In der Regel haben Sie die Krise nach der Krise erst dann endgültig überwunden, wenn Sie von einem als unabhängig akzeptierten Gremium nach gründlicher Evaluation entlastet worden sind.

## 11.2 Aus Krisen lernen und Veränderungen umsetzen

Jede Krise kann als Quelle für Verbesserungen angesehen werden (vgl. BBK, 2023). Doch »Lessons learned« sind erst dann wirklich gelernt, wenn sie auch in der Organisation umgesetzt und gelebt werden. Reformen sind leicht zu verkünden, aber schwer nachhaltig umzusetzen. Eine Vielzahl von kognitiven und institutionellen Barrieren sind zu überwinden. Die politischen Sachzwänge des Krisenmanagements stehen sehr häufig konträr den institutionellen Vorbedingungen für ein effektives Lernen von Krisen gegenüber. Häufig werden auch sich widersprechende Lehren aus einer Evaluation gewonnen oder die beteiligten Akteure sind unterschiedlicher Auffassung, was nun die Lehren sind. Aber selbst, wenn sich alle einig sind, ist nicht garantiert, dass die Lehren wirklich umgesetzt werden. Gerade nur langfristig umsetzbare Lehren verlieren im Laufe der Zeit ihre Priorität. Außerdem ist es öffentlich wirksamer, Technik zu beschaffen und sie in Betrieb zu nehmen, als Strukturen zu ändern oder die Mitarbeiter fortzubilden. Auch das Ersetzen von Führungskräften ist eine oft genutzte Tätigkeit, um zu zeigen, dass Konsequenzen aus einer Krise gezogen werden. Aber selbst umgesetzte Lehren sind keine Garantie dafür, dass während einer zukünftigen Krise keine Fehler gemacht werden.

Folgende Fragen sollten am Anfang einer jeden Evaluation stehen:
- Was lief nicht optimal?
- Warum lief es so?
- Was muss geändert werden, dass es zukünftig in einer vergleichbaren Situation besser laufen wird?

Eine gute Evaluation beginnt schon während der Krise. Die Personen des »Operations-Evaluations-Teams« sollten im besten Fall nicht in die Krisenbewältigung eingebunden sein. Ein externes, unabhängiges Team im Vorfeld einer Krise mit dieser Aufgabe zu beauftragen, ist eine sinnvolle und vertrauensbildende Maßnahme. Daten zu sammeln ist relativ leicht, diese aber zu akzeptieren nicht immer. Ehrliche Ergebnisse in einer Nach-Operations-Evaluation sind schwer zu ermitteln, da diese unter Umständen als Munition der anderen Akteure in einem etwaigen Blame Game genutzt werden können. Mit dieser Gefahr im Hinterkopf manipulieren wir

## 11.2 Aus Krisen lernen und Veränderungen umsetzen

unbewusst unsere eigenen Erinnerungen und/oder wir legen die Erkenntnisse so aus, wie wir glauben, dass unser Vorgesetzter sie hören möchte. Durch eine konsistente – schon vor der Krise beginnende – Krisenkommunikation können Sie das Umfeld für eine ehrliche Aufarbeitung einer Krise deutlich verbessern (▶ Kapitel 10.3).

High-Reliability-Organisationen nutzen auch schon kleine Fehler, die zu keiner Krise führen, um zu lernen. Kontinuierliches Lernen ist für sie ein wichtiger Teil ihrer Unternehmenskultur. Drei Lernarten können genutzt werden:
1. basierend auf Erfahrungen,
2. basierend auf Studien der Ursachen-Wirkungsbeziehungen,
3. basierend auf den Kompetenzen des Krisenbewältigungsteams.

Quelle für die erste Art sind Evaluationen, für die zweite sind es wissenschaftliche Studien und für die dritte Übungen.

Es sollten besonders generelle, allgemein gültige Lehren zur Verbesserung der Krisenbewältigung genutzt werden, da jede Krise anders ist. Begnügt man sich mit speziellen Lehren, die aus dem Szenario der überstandenen Krise gezogen werden, so wird man die zukünftigen mit großer Wahrscheinlichkeit nicht meistern. Auch sollte man eine erfolgreiche Krisenbewältigung nicht als Indiz dafür nehmen, dass die eigene Krisenbewältigungsorganisation keiner Verbesserung bedarf.

**Merke:**
Damit Ihre Verwaltung aus Krisen lernt, sollten Sie Folgendes beachten:
- Tolerieren Sie auch im Alltagsgeschäft Fehler und bestehen Sie auf eine offene Diskussion dieser, ohne dass diejenigen Konsequenzen zu fürchten haben, die diese Fehler begangen haben.
- Fokussieren Sie sich nicht zu sehr auf die Verbesserung von existierenden Prozessen. Seien Sie offen für Neues und Ungewöhnliches. Gehen Sie Risiken ein.
- Stellen Sie Personen ein, die in der Vergangenheit nicht nur gute Leistungen erbracht haben, sondern die gezeigt haben, dass sie lernfähig sind.

Grundsätzlich können zwei Wege zur Verbesserung des eigenen Krisenbewältigungssystems begangen werden:
- reformistischer Ansatz,
- konservativer Ansatz.

Im Allgemeinen ist der konservative Ansatz mit weniger Risiken verbunden: Beherrschte Strukturen und Routinen können beibehalten werden. Werden neue eingeführt (reformistischer Ansatz) und nicht ausgiebig trainiert, so kann es in einer

# 11  Nach der akuten Krise

zukünftigen Krise vorkommen, dass Personen unter dem herrschenden Stress in die alten Routinen zurückfallen, während andere die neuen anwenden. Dies erhöht zwangsläufig das Chaos, das mit jeder Krise zumindest zu Beginn einhergeht. Die folgenden Voraussetzungen sollten gegeben sein, um Reformen erfolgreich zu implementieren:

1. Die Reformen passen zu den gesellschaftlichen und politischen langfristig-strategischen Zielen der Mehrheit der Bevölkerung.
2. Die politisch verantwortlichen Führungskräfte erlangen und behalten die Initiative im Reformprozess und werden nicht von anderen zu den Reformen getrieben (agieren anstatt reagieren).
3. Die politisch verantwortliche Führungskraft präsentiert sich als Teil der gesamten Verwaltung, die die Reformen erfolgreich umsetzen möchte.
4. Alle wesentlichen Akteure müssen von der Unvermeidlichkeit überzeugt sein.
5. Es sollte auf die allgemeine Verärgerung nach einem Misserfolg eingegangen werden. »So etwas darf nicht wieder geschehen!«
6. Es sollte auf den Wunsch der verantwortlichen Personen, die Krise politisch zu überleben, abgezielt werden.
7. Es liegen lang heraus gezögerte Reformen auf dem Tisch, die »endlich« umgesetzt werden sollten.

Die drei ersten Bedingungen sollten auf jeden Fall gegeben sein. Umso größer die geplanten Veränderungen sind, desto eher sollten auch die letzten vier Voraussetzungen vorliegen. Eine Krise bietet Ihnen als politisch verantwortliche Führungskraft also durchaus auch eine Chance, Veränderungen zu initiieren.

Um die Lehren aus einer Krise umzusetzen, bedarf es anderer Fähigkeiten als derjenigen, die für die Bewältigung der Krise benötigt wurden. Da der zweite Prozess im besten Fall schon beginnt bevor der erste beendet ist, muss Ihnen als politisch verantwortliche Führungskraft immer bewusst sein, auf welchem Feld Sie sich gerade befinden. Es kann deshalb sinnvoll sein, beide Funktionen zu trennen: Sie übernehmen die Krisenbewältigung, Ihr Stellvertreter startet den Reformprozess. Bei allen Reformen ist allerdings zu beachten, dass diese auch Ausgangspunkt einer neuen Krise sein können (kriseninduzierte Reformen versus reforminduzierte Krise). Um trotz aller Schwierigkeiten und Fallstricke aus Krisen zu lernen und die gewonnenen Lehren erfolgreich zu implementieren, sollten Sie schon vor der Krise ein konsistentes Qualitätsverbesserungssystem, das Aktivitäten vor, während und nach einer Krise beinhaltet, einführen, sowie nach innen und außen kommunizieren und schließlich auch leben.

# 12 Die Führungskraft als Person

## 12.1 Die Führungskraft – auch nur ein Mensch

Die Belastungen, die während einer Krise auf Sie als politisch verantwortliche Führungskraft wirken, sind enorm (vgl. z. B. den Zusammenbruch des Leiters des Krisenstabes im Kreis Gütersloh während der Covid-19-Krise, [Hustert, 2020]). Die Energie, um die Belastungen auszuhalten, gewinnen Sie aus Ihrem Körper, Ihren Emotionen, Ihrem Verstand und Ihrer Seele. Sie sollten sich schon vor der Krise um die Stärkung aller vier Bereiche kümmern. Denn letztendlich müssen Sie als Führungskraft entscheiden und mit den Konsequenzen leben. Entscheidungen in Krisen sind niemals leicht, denn sie haben erhebliche Konsequenzen: gesellschaftlich, politisch, ökonomisch und vor allem menschlich. Die Wahrscheinlichkeit, dass Sie vor echten Dilemmata stehen, ist hoch. In solchen Situationen können Sie nur zwischen zwei Übeln wählen. Sie müssen eine tragische Entscheidung treffen – Entscheidungen, die anderen Menschen (evtl. deren Leben) oder Mangelressourcen schaden. Und diese Entscheidungen müssen Sie unter Umständen bei einer sehr unsicheren Informationslage treffen.

In solchen Situationen stehen Sie urplötzlich im Blickpunkt der Menschen in Ihrem Zuständigkeitsbereich. Diese erwarten in Krisen von Ihnen, dass Sie sie erfolgreich aus der Krise führen. Aber Bedrohungen, Dringlichkeit, Unsicherheit und kollektiver Stress erschweren die Führung. In dynamischen Krisen kommen Sie nicht herum, die Unsicherheit zu einem gewissen Grad unberücksichtigt zu lassen. Sie müssen die eigene Besorgnis/Angst überwinden, die Sie evtl. verspüren. Sie müssen Ihre Emotionen und Impulse unter Kontrolle behalten. Sie können nur hoffen, dass Ihre Entscheidungen und die Ihres Netzwerkes sowohl operativ wie auch politisch in der herrschenden Situation angemessen sind. In der Geschichte finden sich viele Beispiele von Führungskräften, die sich schwer taten, Entscheidungen großen Ausmaßes zu treffen. Sie verlangten endlose Informationen und Analysen sowie den Rat unzähliger Experten. Als politisch verantwortliche Führungskraft müssen Sie das richtige Maß zwischen schneller Entscheidung und detaillierter Analyse finden. Schnelle Entscheidungen, die in Krisen häufig von der Öffentlichkeit und den unterstellten Führungskräften erwartet und eingefordert werden, sind nicht notwendigerweise auch gute Entscheidungen. Sie sollten sich diesem Druck widersetzen. Überwinden Sie den Druck von Dringlichkeit und nehmen Sie sich die Zeit zur Reflexion, zum Abwägen der betroffenen Werte und Interessen einzelner Gruppen. Fokussieren Sie sich besser auf das wirklich Erstrebenswerte und das Durchführbare. Führen Sie mit

# 12 Die Führungskraft als Person

Auftrag – verfallen Sie nicht in Aktivismus und Mikromanagement. Umgeben Sie sich mit Personen, die Ihre Schwächen kompensieren. Versuchen Sie nicht eine Unmenge an Fachwissen anzuhäufen. Bevorzugen Sie für sich und Ihre Mitarbeiter eine resilienzbasierte Aus- und Fortbildung.

**Achtung:**
Mögliche eigene Belastungen in der Krise:
- Schock durch das Ereignis – starke emotionale Belastung,
- Versagensangst,
- Angst um die eigenen Angehörigen und Freunde,
- Angst vor dem Unbekannten,
- Zeitdruck,
- Information-Overflow und widersprüchliche Informationen,
- Lärm.

Mögliche körperliche Stressreaktionen:
- Verminderte kognitive Leistungen,
- Ausschüttung von Adrenalin,
- Anstieg des Blutdruckes,
- Verspannungen,
- Kopfschmerzen,
- Herz-Kreislaufstörungen,
- Konzentrationsmangel,
- Hektik.

Krisen sind einerseits eine Gelegenheit Führungsstärke zu zeigen, anderseits können sie auch immer potenzielle Fußangeln für Sie als politisch verantwortliche Führungskraft sein. Deshalb sollten Sie bei jeder Krise auch deren politischen Charakter beachten. Sie müssen eine fragile Balance zwischen Willensstärke und Entschlossenheit, die von Ihnen in Krisen verlangt wird, auf der einen Seite und Offenheit, Probleme anzusprechen und Ratschläge anzunehmen, auf der anderen Seite erreichen und erhalten. Gefordert ist eine Führungskraft, die nach außen ihren Führungsanspruch zeigt und nach innen ein Klima der offenen Diskussion, des Widerspruchs und vielfältiger Meinungen erzeugt.

Betrachtet man die unterschiedlichen erfolgreichen Führungskräfte der Geschichte, so fällt es schwer, einen Katalog der notwendigen Eigenschaften aufzustellen. Sie sind menschlich zu unterschiedlich, aber die Führungsaufgabe fällt Ihnen leichter, wenn Sie folgende Eigenschaften besitzen:
- Neugierde,
- Wachsamkeit,

## 12.1 Die Führungskraft – auch nur ein Mensch

- Offenheit,
- Aufgeschlossenheit,
- ein gesundes Maß an Selbstvertrauen,
- rasche Auffassungsgabe,
- Vorurteilsfreiheit,
- Aufrichtigkeit und Ehrlichkeit,
- Glaubwürdigkeit,
- Gelassenheit und Ruhe,
- innere Entschlossenheit und Verantwortungsgefühl,
- Bescheidenheit,
- Menschlichkeit und durchschnittliche Emotionalität,
- Sympathie und Menschenkenntnis,
- gesunde Kritikfähigkeit und Fähigkeit zur Selbstreflexion,
- positive Grundeinstellung,
- die Sprache der anderen Akteure sprechen und verstehen,
- Lernfähigkeit (Sie können alle oben angeführten Merkmale bei sich verbessern),
- Erkenntnis, dass Sie niemals fehlerfrei sein werden.

Sie müssen niemandem gefallen, schon gar nicht der Presse. Ihre Aufgabe ist es, die Krise zu bewältigen und die Situation der Betroffenen zu verbessern. Stellen Sie Ihr Bedürfnis, bedeutend zu sein, hinten an.

> **Tipp:**
> Beachten Sie Ihre persönlichen Prioritäten:
> - Sichern Sie Ihr Leben und Ihre Gesundheit!
> - Sichern Sie das Leben und die Gesundheit Ihrer Familienangehörigen!

Verlängern Sie während der Krise Ihre Leistungsfähigkeit:
- Machen Sie regelmäßig, alle 90 bis 120 Minuten eine kleine Pause.
- Essen Sie kleine, leichte Kost alle drei Stunden.
- Loben Sie sich regelmäßig selbst.
- Bearbeiten Sie Aufgaben, die eine hohe Konzentration bedürfen, an einem ruhigen Ort, an dem Sie nicht gestört werden.

Reduzieren Sie Ihren Stress:
- Identifizieren Sie Ihre individuellen physiologischen Stresssymptome.

## 12  Die Führungskraft als Person

- Sehen Sie Stress positiv: Er gibt Ihnen zusätzliche Energie.
- Atmen Sie dreimal tief durch.
- Reden Sie sich in einer ruhigen, logischen und freundlichen Art gut zu: »Ja, es ist eine schwierige Situation, aber ich habe schon vergleichbare erfolgreich gemeistert.«
- Beauftragen Sie eine vertrauensvolle Person, die Sie auf etwaiges Fehlverhalten hinweist.

Wissenschaftliche Untersuchungen legen nahe, dass menschliche Entscheidungen – selbst wenn rationale Methoden benutzt werden – von der »Tagesform« der Entscheider abhängen. Emotionen wie auch schlechter Schlaf beeinflussen die menschliche Entscheidungsfindung und Emotionen werden direkt bei der Wahrnehmung einer Situation erzeugt. Der kognitive Teil des Gehirns wird dabei umgangen und die Wahrnehmung einer Situation ist subjektiv. Menschen formen die Realität so, dass sie ihren Bedürfnissen entspricht.

Sie sollten deshalb immer in »Bestform« an eine Krisenbewältigung gehen. Fragen Sie sich regelmäßig:

- Bin ich persönlich auf eine Krise vorbereitet?
- Was ist meine Aufgabe?
- Kenne ich mein Team?
- Verfüge ich über die notwendige Inkompetenzkompensationskompetenz?
- Wer kann mir aus meinem persönlichen Netzwerk helfen? – Entsprechend dem Motto der Bundesakademie für Sicherheit: »In Krisen Köpfe kennen«.
- Habe ich eine persönliche Stressreduzierungsstrategie? Habe ich persönliche Arbeits-, Pausen-, Essen-, Schlafzeiten festgelegt und kenne mentale Methoden zur Stressreduzierung (z. B. Schattenboxen)?
- Kann ich mit einem etwaigen persönlichen Reputationsverlust umgehen?
- Verfüge ich über Zugang zu allen notwendigen Informationsquellen (z. B. die Passwörter notwendiger PC)?
- Trainiere ich regelmäßig meine Krisenkompetenz und teste die Verfahren?

Keine Person ist in der Lage 24/7 an der Bewältigung einer Krise zu arbeiten. Deshalb müssen Vertreter benannt werden. Sie sollten sich rechtzeitig, bevor Ihr Energiespeicher vollkommen entleert ist, folgende Fragen entsprechend positiv beantworten können:

## 12.2 Vorbereitung auf die Krise

- Wer ist meine Vertreter?
- Haben wir das gleiche Lageverständnis?
- Verfolgen wir die gleiche Strategie?
- Stimmen wir in den Prioritäten überein?

## 12.2 Vorbereitung auf die Krise

Es gibt kein Patentrezept, eine Krise erfolgreich zu bewältigen. Deshalb helfen Ihnen als politisch verantwortliche Führungskraft nur bedingt konkrete Checklisten, Standardoperationen und Ähnliches. Aber jede Krise folgt vorhersehbaren Mustern. Und deshalb können Sie sich auf Krisen – auch auf Black Swans – vorbereiten.

Die erste wichtige Entscheidung, die Sie Ihren Mitarbeitern vermitteln müssen, ist die, bei welchen Ereignissen Sie informiert werden möchten, und zwar sofort (24/7), zum nächsten Zeitpunkt, wenn Sie wieder im Dienst sind oder bei regelmäßig stattfindenden Besprechungen. Daneben sollten Sie folgende vorbereitende Maßnahmen durchführen:

- Antizipieren Sie mittels szenariobasierten Diskussionen bestimmte Notfallsituationen und Ihre ersten Reaktionen darauf. Nutzen Sie hierfür Risikoanalysen und reale Ereignisse.
- Bereiten Sie sich darauf vor, ein analytischer Generalist zu sein, der über einen gesunden Menschenverstand und viel Empathie verfügt.
- Steigern Sie das Vertrauen der Menschen, die in Ihrem Verantwortungsbereich leben, und das Ihrer Mitarbeiter in Ihre Person.
- Seien Sie auch im Alltagsgeschäft präsent, aufmerksam, teamfähig und verzeihen Sie Fehler.
- Steigern Sie Ihre Stressresistenz durch einen gesunden Lebenswandel.
- Akzeptieren Sie es, dass das Leben nicht immer fair zu Ihnen ist.
- Stärken Sie Ihre persönliche Resilienz gegenüber Tiefschlägen.
- Erwarten Sie nicht, dass Ihre Mitmenschen immer freundlich und zuvorkommend zu Ihnen sind.
- Seien Sie sich stets der Macht eines Lächelns bewusst.
- Bereiten Sie sich mental darauf vor, dass Sie sich persönlich in die Krisenbewältigung einbringen müssen. Sie sind letztendlich die Person, die in der kritischen Situation die Waage in Richtung Erfolg anstoßen muss.
- Bereiten Sie sich darauf vor, dass Sie emotional so belastet sein werden, dass Sie weinen müssen.

**12   Die Führungskraft als Person**

- Achten Sie schon im Alltagsgeschäft auf Ihre Mitarbeiter. Dann achten diese in der Krise auch auf Sie.
- Seien Sie sich stets bewusst, dass Sie niemals auf eine Krise ausreichend gut vorbereitet sein werden.
- Arbeiten Sie besser an Ihrer Methodenkompetenz als an Ihrer Szenariokompetenz.
- Geben Sie einen Finanzrahmen vor: Was dürfen die ersten aktiven Führungskräfte ausgeben, um schnell die Situation der Betroffenen zu lindern?
- Lassen Sie sich regelmäßig in den Soft Skills aus- und fortbilden.

Unmittelbar vor einem Einsatz sollten Sie positiv denken: »Yes, we can!«. Mancher Person hilft auch ein Gebet. Zweifel sind wie eine Infektion – sie verbreiten sich pandemisch.

**Tipp:**
Binden Sie möglichst viele gesellschaftliche Gruppen in die Vorbereitung auf Krisen ein. Gründen Sie eine kommunale »Runder-Tisch-Resilienz-Gruppe« (vgl. Pätzold, 2023).

# 13  Der Krisenmanager

Da sich die Welt und auch Ihr Umfeld stetig verändern, müssen Sie sich entsprechend anpassen. Sie müssen sich Tag für Tag bemühen, eine effektive Führungskraft zu bleiben und eine noch bessere zu werden. Trotz der besten Aus- und Fortbildung werden Sie nicht immer erfolgreich führen. Ihr Scheitern schwebt immer wie ein Damoklesschwert über Ihnen. Wenn Sie dieses Risiko nicht eingehen möchten, verzichten Sie auf eine Führungsfunktion. Folgende Punkte sind Grundvoraussetzung, damit Sie Krisen erfolgreich managen:

**Vor der Krise zu erledigen:**
- Sie müssen sich immer bewusst machen, dass Sie während Ihrer Amtszeit mit einer Krise konfrontiert werden. Bereiten Sie sich darauf vor.
- Sie müssen akzeptieren, dass Sie in Krisen Angst haben werden. Sie müssen den Mut zum Führen haben.
- Sie müssen sich mit den richtigen Personen umgeben:
    - mit Personen, die Ihre Schwächen kompensieren.
    - mit Personen, die trotz eigener Ängste, den Mut haben, Ihre Meinung zu sagen.
    - mit Personen, die Sie auf Ihre Schwächen und etwaige Fehler hinweisen.
- Sie müssen sich und Ihre Verwaltung auf Krisen vorbereiten:
    - Seien Sie Vorbild. Lassen auch Sie sich aus- und fortbilden und üben Sie regelmäßig.
    - Bereiten Sie Ihre Verwaltung generisch auf Krisen vor.
    - Bereiten Sie Ihre Verwaltung auf zukünftige Krisen vor, nicht auf vergangene.
- Sie müssen strategische Partnerschaften eingehen – »In Krisen Köpfe kennen«.
- Sie müssen Krisenpläne erstellen lassen. Auch wenn diese Pläne in Krisen in der Regel nicht greifen sollten, ist das Aufstellen dieser sehr wichtig. Es dient zur Aufdeckung von Versäumnissen und Schwachstellen.
- Sie müssen die Schulung der Mitarbeiter, die an der Erstellung beteiligt sind, einplanen und durchführen.
- Sie müssen Bausteine vorhalten, die angepasst in der Krise – besonders in Phasen von hohem Zeitdruck – angewendet werden können. Legen Sie

fest, wann diese Krisenpläne nicht anzuwenden sind und was zu tun ist, falls die Pläne inadäquat sind oder nicht zum Erfolg führen.
- Stellen Sie sich Ihren persönlichen »Krisenkoffer« zusammen, der Folgendes beinhaltet:
  - auf Sie angepasste Entscheidungshilfen,
  - Kommunikationslisten auf Papier,
  - Utensilien für die eigene Einsatzbereitschaft in den ersten acht Stunden (Trinkwasser, Müsli-Riegel, Ersatzbrille, persönliche Medikamente, …),
  - Passwörter für die notwendige Hard- und Software.
- Sie müssen die technischen Krisentools (z. B. Hard- und Software) auch unter Stress sicher bedienen können.
- Sie müssen die Stärken und Schwächen Ihres Teams kennen.
- Sie müssen stets tolerieren, dass alle Ihre Maßnahmen juristisch überprüft werden.
- Arbeiten Sie schon im Vorfeld einer Krise an Ihrer Reputation. Verfügen Sie über einen Vertrauensvorschuss, so verzeiht Ihnen die Öffentlichkeit eher kleine Fehler.

**Beim Übergang vom Alltagsgeschäft zur Krisenreaktion:**
- Sie müssen ein Gespür für aufkommende Krisen besitzen, um frühzeitig die Krisenbewältigung zu beginnen.

**Während der Krise zu beachten:**
- **Führungsverhalten:**
  - Führen Sie mit Auftrag! Ihnen muss immer bewusst sein, was Ihre Aufgaben sind.
  - Konzentrieren Sie sich auf die strategischen und kritischen Entscheidungen.
  - Führen Sie mit Autorität und Beeinflussung, nicht mit Einschüchterung und Dienstrang.
  - Koordinieren Sie die Handlungen der unterschiedlichen Akteure: Bestimmen Sie die große Richtung der Krisenbewältigung und vermindern Sie Reibungsverluste zwischen den Aktionen der verschiedenen Akteure.
  - Nutzen Sie die Talente und Fähigkeiten der Ihnen unterstellten Führungskräfte, um diese zu inspirieren.
  - Verzeihen Sie Fehler!

- Sehen Sie Ihr Team positiv!
- Bestimmen Sie einen angenehmen Arbeitston!
- Stellen Sie sich bei externer Kritik vor Ihr Team!
- Geben Sie sowohl positives wie auch negatives Feedback!
- Erringen und behalten Sie die Deutungshoheit über die Krise: Bestimmen Sie, wie Ihre, alle beteiligten Akteure und die Öffentlichkeit die Krise wahrnehmen.
- Sie und Ihre Vertreter müssen über das gleiche große Bild verfügen und die gleichen strategischen Ziele verfolgen und die gleichen Prioritäten setzen.

- **Entscheidungsfindung:**
  - Sie müssen Entscheidungen treffen und mit den Konsequenzen Ihrer Tätigkeiten und Untätigkeit später leben können.
  - Sie müssen den Rat von unterschiedlichen, sich ggf. widersprechenden Experten in Ihrer Entscheidungsfindung berücksichtigen.
  - Sie müssen in der Lage sein, selbst gute (nicht die besten) Entscheidungen zu treffen. Es reicht nicht aus, auf Experten zu hören.
  - Sie müssen effektiv und ethisch entscheiden, demokratische Grundregeln einhalten und entsprechend von der Öffentlichkeit wahrgenommen werden.

- **Informations- und Wissensmanagement:**
  - Sie müssen fähig sein, die jeweils unterschiedliche Natur einer Krise zu verstehen.
  - Sie müssen ein Berichtswesen implementieren, dass Ihnen auch schlechte Nachrichten frühzeitig zur Verfügung stellt.
  - Sie müssen über ein klares, aktuelles und auf Ihre Führungsebene angepasstes Bild der Krise verfügen. Unangepasste Lagebilder führen zum Daten-Overflow und verführen zum Mikromanagement.
  - Sie müssen sich immer wieder vor Augen halten, dass alle Informationen, die Sie bekommen subjektiv und gefiltert sind.
  - Fragen Sie sich immer: Von wem stammen die Informationen? Welche Intentionen hat diese Person/Personengruppe? Wie wurden die Informationen ausgewählt? Welche Vorurteile werden durch die Darstellung der Informationen (Bilder, Charts, Diagramme, …) angestoßen?

## 13  Der Krisenmanager

- Sie müssen nach unvollständigen Informationen suchen. Wie können Sie Ihre Informationen vervollständigen?
- Sie müssen Prognosen erstellen können.
- Sie müssen kritische Variablen erkennen und nach Informationen zu diesen suchen.

- **Planung:**
    - Sie müssen immer auch das Worst-Case-Szenario beachten. Besser sicher handeln als sich später entschuldigen müssen.
    - Sie müssen die Krisenreaktion zeitlich ordnen. Wann ist welche Entscheidung zu treffen?

- **Persönliches Verhalten und Eigenschaften:**
    - Sie müssen sich trauen, sich Zeit zum Nachdenken zu nehmen.
    - Sie müssen über Inkompetenzkompensationskompetenz verfügen. Nicht jede Krise kann vorhergesehen werden. Hoffnung ist keine Methode.
    - Sie müssen fähig sein, gleichzeitig die eigentliche Krise vor Ort wie auch die dadurch induzierte politische Krise zu bewältigen.
    - Seien Sie geduldig!
    - Seien Sie freundlich!
    - Seien Sie bescheiden!
    - Seien Sie ehrlich!
    - Engagieren Sie sich voll und ganz für Ihre Aufgabe!
    - Seien Sie selbstbewusst, aber nicht arrogant!
    - Schauen Sie positiv, aber realistisch in die Zukunft!
    - Lernen Sie von eigenen Fehlern und denen anderer!
    - Vertrauen Sie Ihrer Urteilsfähigkeit, aber seien Sie offen für Ratschläge!
    - Nehmen Sie Ihre Verantwortung ernst!
    - Bleiben Sie auch in der größten Krise nach außen ruhig.
    - Seien Sie hartnäckig, aber gleichzeitig flexibel: Wechseln Sie nicht ständig den Weg, aber wenn etwas nicht funktioniert, beenden Sie die entsprechenden Bemühungen.
    - Seien Sie selbstlos: erst die Betroffenen, dann Ihre Einsatzkräfte, zum Schluss Sie!
    - Reflektieren Sie stets Ihre Maßnahmen.
    - Seien Sie einsatzparanoid. Suchen Sie immer nach Bedrohungen.

- Sie müssen fähig sein, Ihre Deutung der Lage der Öffentlichkeit zu vermitteln und die Mehrheit von deren Richtigkeit zu überzeugen.
- Sie müssen fähig sein, eine Krise zu beenden.
- Sie müssen in der Lage sein, mit dem Stress einer Krise umgehen zu können: Ihre Familienangehörigen und/oder Freunde können von der Krise betroffen sein.
- Sie müssen sich selbst monitoren. Kaum jemand wird Sie darauf hinweisen, dass Sie an die Grenze Ihrer Leistungsfähigkeit gekommen sind.
- Sie dürfen weder in Passivität verfallen noch in Hast und Rücksichtslosigkeit – das Ziel heiligt nicht jedes Mittel.
- Befolgen Sie elementare Regeln der Stresskontrolle:
    - Teilen Sie sich Ihren Tag gut ein: Arbeitszeiten, Denk- und Selbstreflexionszeiten, Pausenzeiten, Essen- und Trinkzeiten, Schlafenszeiten.
    - Statten Sie Ihre Vertretungen im Vorfeld mit entsprechenden Kompetenzen aus, damit diese handeln können, wenn Sie nicht im Dienst sind.
    - Ernennen Sie eine Vertrauensperson (z. B. Ihren Sekretär), die Sie und Ihre Leistung monitort.
    - Seien Sie sich bewusst, dass Rückschläge Sie treffen werden (»Prinzip des maximalen Elends«).
    - Nutzen Sie körperliche Bewegungen, um Ihren Hormonhaushalt zu normalisieren und Ihre Emotionen zu glätten (z. B. Schattenboxen).
    - Nutzen Sie regelmäßige kurze Pausen, in denen Sie Tätigkeiten ausüben, die Ihr Gehirn wenig belasten, wie spazieren gehen, lesen, häkeln. Dabei vernetzt Ihr Gehirn die Informationen aus der Krise in tieferen Ebenen, wodurch Ihre Agilität, Kreativität und Fähigkeit zur Entscheidungsfindung verbessert wird.
    - Bevor Sie ein neues Problem angehen, konzentrieren Sie sich kurz auf Ihren Körper: Atmen Sie tief ein und aus, laufen Sie die Treppe auf und ab, stretchen Sie Ihren Körper. So bekommt Ihr Gehirn die Zeit, das alte Problem abzuschließen. Manchmal kommen dabei sogar neue gute Ideen heraus.

- Zeigen Sie Empathie. Sprechen Sie mit Betroffenen sowie Helfern vor Ort.
- Trennen Sie Pressearbeit von dem Besuch der Betroffenen und Helfern.
- Arbeiten Sie eng und vertrauensvoll mit der Presse zusammen.
- Sie müssen bereit sein, von allen als der größte anzunehmende Depp angesehen zu werden. Sie müssen nicht auf jede Anfeindung reagieren. Legen Sie sich aber eine Schmerzgrenze vorab fest.
- Sie müssen bereit sein, jederzeit von Ihrer Position zurückzutreten. Sie darf für Sie nicht finanziell oder emotional lebenswichtig sein.

**Nach der Krise:**
- Evaluieren Sie stets Ihre Krisenreaktion.
- Setzen Sie die Lehren aus der Evaluation in Ihrer Verwaltung um.
- Übernehmen Sie Verantwortung.
- Vermeiden Sie, andere Akteure zu beschuldigen.

**Allgemein:**
- Fragen Sie sich ständig, was noch fehlt? Was wurde in den bisherigen Überlegungen vergessen?
- Rezepte und Checklisten über die Bewältigung von Krisen werden im Ernstfall nicht allein zum Erfolg führen. Das gilt auch für die in diesem Kapitel aufgeführten Checklisten! Schwierige Fragen und Führungs-Dilemmata müssen in der Krise beantwortet bzw. gelöst werden. Sie müssen sich ihnen stellen und sie nicht verneinen.

# Fazit

Die Herausforderungen für die politisch verantwortliche Führungskraft einer Kommune in Krisensituationen sind immens. Zum einen muss sie als Verwaltungsleitung die staatliche Krisenbewältigung politisch-gesamtverantwortlich leiten sowie nichtstaatliche Akteure einbinden. Daneben hat sie als gewählte Führungsperson den Betroffenen, deren Angehörigen und Freunden beizustehen und der allgemeinen Öffentlichkeit Rede und Antwort zu stehen. Das Befolgen der in diesem Buch beschriebenen Methoden kann es Ihnen erleichtern, diesen Spagat zwischen politischer und Verwaltungsspitze zu meistern. Wenn Sie dann noch immer Ihre Aufgabe »das Leid aller Betroffenen zu lindern« vor Augen haben, werden Ihre Chancen, eine Krise auch persönlich zu bestehen, nicht so schlecht stehen. Aber mit dem einmaligen Lesen dieses Buches werden Sie nicht fit für die Herausforderungen der Zukunft werden. Neben ständigem Üben sollten Sie gelegentlich immer mal wieder einen Blick in das Buch werfen.

Ich wünsche Ihnen, dass Sie den Inhalt dieses Buches niemals in der Praxis anwenden müssen, denn dann werden auch die Menschen in Ihrem Verantwortungsbereich keine Krise durchzustehen haben. Falls Sie doch eine Krise zu meistern haben, wünsche ich Ihnen ein gutes Team, Mut, Entschlossenheit, Gelassenheit und das notwendige Glück, das jeder von uns benötigt.

Und letztendlich befolgen Sie den Rat von George C. Marshall: »Don't fight the problem, decide it.« (Kämpfen Sie nicht gegen das Problem, sondern entscheiden Sie es.)

# Literaturverzeichnis

Alberts, D. S., Hayes R. E.: The Power to the Edge: Command and Control in the Information Age, CCRP Publication Series, 2003.
Akademie für Führungskräfte der Wirtschaft: Mythos Team auf dem Prüfstand: Teamarbeit in deutschen Unternehmen. Befragung von 376 Führungskräften durch die Akademie für Führungskräfte der Wirtschaft GmbH, abrufbar unter: https://hdl.handle.net/10419/100017, letzter Zugriff: 13.01.2025.
Axelrod, A.: Eisenhower on Leadership, Jossey-Bass, 2006.
BBK: Tagungsband LÜKEX 2018, 3. Thementag: Risiko- und Krisenkommunikation, 2018.
BBK: Tagungsband Lernen aus den Krisenlagen – Vorbereitet sein und effizient handeln, 2023.
Bennis, W.: Führen Lernen, Campus, 1990.
Boin, A. et al.: The Politics of Crisis Management, Cambridge University Press, 2. Edition, 2017.
Bumiller, E.: We Have Met the Enemy and He Is PowerPoint, New York Times, abrufbar unter: https://www.nytimes.com/2010/04/27/world/27powerpoint.html, letzter Zugriff: 12.12.2024.
Crosweller, M.: Improving our capability to better plan for, respond to, and recover from severe-to-catastrophic level disaster. In: AJEM 30 (4), 2015.
Csaszar, F. A., Enrione, A.: When Consensus Hurts the Company. In: MIT Sloan Management Review, Spring 2015, S. 17–20.
Die Zeit online: Nur Regierung darf Abschuss von Terrorflugzeugen befehlen, abrufbar unter: https://www.zeit.de/politik/deutschland/2013-04/verfassungsgericht-terrorismus-flugzeug, letzter Zugriff: 12.12.2024.
Dijksterhuis, A. et al.: On Making the Right Choice: The Deliberation -without- Attention Effect. In: Science 311 (5763), 2006, S. 1005–1007.
DStGB: Positionspapier Deutschland krisenfest machen!, Berlin, 2023.
Ellis, J.: Eye-deep in hell: Trench warfare in World War I, Pantheon Books, 1976.
FAZ Online: Menschlich verständlich – rechtlich unzulässig, 20.02.2014, abrufbar unter: https://www.faz.net/aktuell/gesellschaft/kriminalitaet/fall-daschner-menschlich-verstaendlich-rechtlich-un zulaessig-1144609.html, letzter Zugriff: 12.12.2024.
Falgowski, M.: Google-Werbefilm zu Flutkarte Botschafter für Halle, abrufbar unter: https://www.mz-web.de/halle-saale/google-werbefilm-zu-flutkarte-botschafter-fuer-halle-3474012, letzter Zugriff: 12.12.2024.
Goethe, J. W. v.: Maximen und Reflexionen. Aphorismen und Aufzeichnungen. In: Johann Wolfgang von Goethe Werke Hamburger Ausgabe, Band 12, dtv, 1982.
Franke, D.: Was ist mit dem Verwaltungsstab? In: Bevölkerungsschutz (1/2006), S. 25–29.
Gerlach, Jürgen: Fachliche Aufbereitung von Ursachen der tragischen Ereignisse bei der Loveparade Duisburg 2010, abrufbar unter: https://www.svpt.uni-wuppertal.de/fileadmin/bauing/svpt/Loveparade_2010/Loveparade_Aufarbeitung_Gerlach_vorl_Fassung.pdf, letzter Zugriff: 13.01.2025.
Hanke, J.: Die fünf Phasen der Krise, Welt online, abrufbar unter: https://www.welt.de/print/welt_kompakt/print_lifestyle/article151953029/Die-fuenf-Phasen-der-Krise.html, letzter Zugriff: 12.12.2024.
Harvard Business Review: The Brain Science Behind Business, Spezial Issue, 01/2019.
Higgins, G., Freedman, J.: Improving decision making in crisis, Journal of Business Continuity & Emergency Planning 7/1, S. 65–76.
Huber, R. K., Römer, J.: C2-Agilität: Modell einer kritischen Fähigkeit. In: Europäische Sicherheit & Technik, November 2013, S. 48–50.
Hurley, R. F.: The Decision to Trust, Harvard Business Review OnPoint, Spring 2017.
Hustert, A.: Krisenstabsleiter Thomas Kuhlbusch zusammengebrochen – Frank Scheffer übernimmt,

# Literaturverzeichnis

Neue Westfälische, abrufbar unter: https://www.nw.de/lokal/kreis_guetersloh/guetersloh/ 22811694_Krisenstabsleiter-Thomas-Kuhlbusch-zusammengebrochen-Frank-Scheffer-ueber nimmt.html?fbclid=IwAR1 dZ1 kS8LWUX_CEBRpPslbVor KyCA6uwZi67tnLA5ZxRnqWcXuA3 hP7_IY, letzter Zugriff: 12.12.2024.

Ihrig, M., MacMillan, I.: Managing Mission-Critical Knowledge. In: Harvard Business Review (2015), 1, S. 80–87.

Kahneman, D.: Thinking Fast and Slow, Penguin Books Ltd, 2012.

Kahneman, D. et al.: Checkliste für Entscheider. In: Harvard Business Manager, 09/2011, S.19–31.

Karsten, A.: Nutzung von Social Media zur Entscheidungsunterstützung. In: Bevölkerungsschutz (2013), 2, S. 36–38.

Karsten, A., Voßschmidt, S.: Frauen und Kinder zuerst! Alte Fragestellungen im Lichte der Künstlichen Intelligenz. In: Notfallvorsorge, 1/2020, S. 16–23.

Karsten, A.; Der nachhaltige Weg zur Resilienzsteigerung. In: Voßschmidt, S., Karsten, A.: Resilienz und Kritische Infrastrukturen, W. Kohlhammer GmbH, 2019, S. 232.

Karsten, A.: Einbindung von Spontanhelfenden in die Gefahrenabwehr, W. Kohlhammer GmbH, 2023.

Klein, G.: Sources of Power. How People Make Decisions, Cambridge, Massachusetts, MIT Press, 1998/ dt: Natürliche Entscheidungsprozesse, Paderborn, Junfermann Verlag, 2003.

Kaufmann, F. v., Karsten, A.: Aufgabenorientierte Lagedarstellung für operativ-taktische Stäbe. In: Bevölkerungsschutz (2012), 4, S. 30–35.

Klapproth, J.: Der Tag X – Vorbereitung auf den Ernstfall, Books on Demand, 2018.

Koehn, N.: Forged in Crisis, John Murray, 2018.

Laufer, A. et al.: What Successful Project Managers Do, MIT Sloan Management Review, Spring 2015, S. 43–51.

Leipprand, T. et al.: Jeder für sich und keiner fürs Ganze, Internationales Wissenschaftszentrum Berlin für Sozialforschung, 2012.

Leonard, H. B. et al.: Why was Boston Strong? Lessons from the Boston Marathon Bombing, Harvard Kennedy School, Program on Crisis Leadership, April 2014.

Leonhard, R. R.: Fighting by Minutes: Time and Art of War, Praeger, Westport, 1994, CT, S. 111–124.

MacNulty, C. A. R., Woodall, S. R.: Strategy with Passion, Fairfax Station, 2016.

Marincioni, F.: Information technologies and the sharing of disaster knowledge: the critical role of professional culture, In: Disasters, Volume 31, Issue 4, 2007.

McNulty, E. J.: The Human Factors in Leadership Decision Making, abrufbar unter: https://www. domesticpreparedness.com/resilience/the-human-factors-in-leadership-decision-making/, letzter Zugriff: 12.12.2024.

McChrystal, S. et al.: Team of Teams, Penguin, 2015.

McChrystal, S. et al.: Führung, Mythos und Realität, München; 2019.

Milkman, K. L. et al.: How Can Decision Making Be Improved, working paper, Harvard University, New York University, 2008.

Moisés Naím; The End of Power, New York, 2013.

Moody-Stuart, M.: Responsible Leadership, Greenleaf Publishing ltd, 2014.

Nye Jr, J. S.: The Powers to Lead, Oxford University Press, 2008.

Pätzold, R.: Nach der Krise ist vor der Krise. In: Neues aus der Zukunftswerkstatt Kommunen, Nr. 1: Arbeiten im Krisenmodus, Bielefeld 2023, abrufbar unter: https://www.zukunftswerkstatt-kom munen.de/fileadmin/user_upload/ZWK_Neues_1_EW04_barrierefrei-final.pdf, letzter Zugriff: 12.12.2024.

Reynolds, S. R.: 6 Characteristics of a Leader. In: Business, abrufbar unter: https://www.linkedin.com/ pulse/6-characteristics-leader-business-smooch-repovich-reynolds, letzter Zugriff: 12.12.2024.

Rose, G.: The Forth Founding. In: Foreign Affairs, 2019, 98/1, S. 10–21.

Schmidt, H.: Außer Dienst, Siedler-Verlag, 2008.

# Literaturverzeichnis

Schönau, B.: Hölle von Block Z, Süddeutsche Zeitung, 2015, abrufbar unter: https://www.sueddeutsche.de/sport/tragoedie-von-heysel-die-hoelle-von-block-z-1.2496135, letzter Zugriff: 12.12.2024.

Schranner, M.: Verhandeln im Grenzbereich, Econ Verlag, 3. Auflage, 2003.

Snook, S. et al.: The Handbook for Teaching Leadership, SAGE Publications, Inc., 2012.

Snowden, D. J., Boone, M. E.: Cynefin Framework, A Leader`s Framework for Decision Making, Harvard Business Review, 11/2007, S. 68–76.

Solbrig, M.: Der öffentliche Sektor im Krisenmodus, Institut für den öffentlichen Sektor e. V., Berlin 2022.

Song, X. et al.: Prediction of human emergency behavior and their mobility following large-scale disaster, abrufbar unter: http://qszhang.com/publications/KDD2014.pdf, letzter Zugriff: 15.04.2025

Straubhaar, T.: Warum ist Kontrolle gut, Vertrauen aber besser? In: Frankfurter Allgemeine Zeitung vom 20.12.2006, abrufbar unter: http://www.faz.net/aktuell/wirtschaft/wirtschaftspolitik/erklaer-mir-die-welt-27-warum-ist-kontrolle-gut-vertrauen-aberbesser-1384011.html, letzter Zugriff: 12.12.2024.

Taleb, N. N.: The Black Swan, Random House Trade Paperbacks, 2010.

Thoreau, H. D.: Walden, ein Leben in der Natur, München, Deutscher Taschenbuchverlag, 1999.

Thomas, W. I.: The Methodology of Behavior Study. Chapter 13 in The Child in America: Behavior Problems and Programs. Alfred A. Knopf, New York 1928.

Voßschmidt, S., Karsten, A.: Resilienz und Kritische Infrastrukturen, W. Kohlhammer GmbH, 2019.

Watzlawick, P.: Wie wirklich ist die Wirklichkeit?; Piper, 1978.

Wegner, M.,: Neue Wege in der Krise. In: Neues aus der Zukunftswerkstatt Kommunen, Nr. 1: Arbeiten im Krisenmodus, Bielefeld 2023, abrufbar unter: https://www.zukunftswerkstatt-kommunen.de/fileadmin/user_upload/ZWK_Neues_1_EW04_barrierefrei-final.pdf, letzter Zugriff: 12.12.2024.

Wolley, A.: Collegitive Intelligence in Teams and Organisations. In: Malone, T. W., Bernsein, M. S. (edd.): Handbook of Collective Intelligence, 2015.

Wright, G., Goodwin, P.: Decision making and planning under low levels of predictability: Enhancing the scenario method. In: International Journal of Forecasting 25, 2009, S. 813–825.